JN447032

건축물 감정 방법

김성수 지음

Spacetime

건축물 감정에 대한 글을 시작하며

필자는 건축설계를 천직으로 알고 지내던 중, 본의 아니게 건축물 감정이라는 분야를 접하게 되었다. 건축물 감정이란 업무는 건축설계와는 달리 분쟁 중에서 행하는 업역이며, 꼭 필요하지만 다소는 소모적인 업역이라 처음에는 잠시만 감정 업무를 하려 하였다. 그러나 건축물 감정이라는 것이 일상적인 공사비 산정이 아니라 건축물에 나타난 해당 감정 사항을 명확히 확정하여야 하고 우리 건축 관련자들이 일상적으로 하는 업무가 이해 당사자에게는 너무도 중요한 과정임을 느끼면서부터 건축물 감정에 조금씩 매력을 느끼게 되었다.

감정 초기 관련 서적을 구해 보고자 노력하였으나 건축물 감정에 관한 전문 서적은 전혀 찾을 수가 없었다. 선배의 조언을 받으며 혼자 고민하여 문제를 하나씩 풀어갈 수밖에 없는 난감한 상황이 한두 번이 아니었다. 그러나 오히려 실전 경험을 통해 건축물 감정에 대한 다양한 상황을 접하게 되었고, 그 경험이 축적되면서 어느새 감정에 처음 접하는 건축 지인들에게 건축물 감정에 대한 자문을 해주게까지 되었다. 또한 본의 아니게 접하게 되는 다른 건축물 감정서의 법리적(法理的) 해석 오류를 가끔 보면서, 필자의 다양한 건축물 감정의 경험을 함께 나누고 싶다는 바람을 갖게 되었다.

이러한 개인적인 생각으로 글쓰기를 시작하였으나 일하는 틈틈이 쓴 조각글을 엮어 책으로 간행할 수 있었던 가장 큰 원동력은 건축 관련자뿐만 아니라 가끔씩 건축 감정인과 협업을 수행하는 감정평가사와 분쟁의 이해 당사자 및 변호사 등 건축과 직접 관련이 없는 해당 분야의 모든 분들을 대상으로 건축물 감정의 실제를 알리고자 하는 간절한 마음 때문이었다.

따라서 건축물 감정을 필요로 하는 모든 분들을 대상으로 내용을 작성하려 노력하였지만, 필자가 건축사인 관계로 건축 감정인을 주 대상으로 한 내용이 주로 포함될 수밖에 없었다. 이 부분에 대해서는 독자들의 깊은 이해를 바랄뿐이다. 그러나 일부 항에서 기타 관련자들에게 필요한 사항을 지극히 개괄적이며 핵심적으로 논하려 노력하였다.

이 책은 크게 네 개 항으로 구성되어 있다. 첫 번째 항에서는 건축물 감정이란 무엇이며, 건축 감정인의 자세는 어떠해야 되는지에 대해 논하였고, 두 번째 항에서는 건축물 감정의 다양한 종류 및 감정을 수행하는 방법에 대해 구체적으로 논하였으며, 세 번째 항에서는 감정서 작성 방법 및 그 절차 등에 관하여 간단히 논하였다. 네 번째 항에서는 필자가 경험한 감정의 감정 보고서 사례 몇 경우를 발취하여 기술하였으니, 감정서 작성 시에 참고하기 바란다.

이 책은 필자의 경험을 바탕으로 작성하였으므로 일부 항에 대해서는 논란이 있을 수 있겠으나, 논란이 되는 부분에 대하여 필자도 논란의 중심에서 그 논란을 해결하려 노력하겠다는 것을 약속드린다.

아울러 건축 감정인 정책에서 그간 필자가 느꼈던 미흡한 일부분에 대해 책 중간중간에 두서없이 논하였으나, 이 부분은 누구의 업역에 관한 것이 아니라 진정으로 건축물 감정이 분쟁 해결의 기준을 제시한다는 근본 취지에서 벗어나지 않기를 바라는 마음에서 논한 것이니 진정으로 참고하고, 바른 방향으로 개선되기 바라는 바이다.

이 분야에서는 처음 발간된 책이므로 필자는 무엇보다 '건축물 감정의 전체적인 틀을 처음 정리하였다' 는 것에 의미를 두고자 하며, 분쟁의 해결에 도움이 되기를 바라는 마음으로 긴 시간 동안 정리한 내용이니 부족하지만 많은 분들에게 조금이나마 보탬이 되었으면 한다.

이 책이 나오기까지 무수한 격려와 도움을 준 강명웅 소장을 비롯한 에이스종합 엔지니어링건축사무소 식구들과 건축 감정에 입문하는 과정에서 많은 도움을 주셨던 한규호 감정평가사님과 여운택 건축사님께 감사를 전한다. 그리고 많은 기대와 도움을 주셨던 K2S미디어 구광서 대표님과 후배 송란희, 그리고 항상 격려와 사랑을 베풀어 주신 주변의 모든 분들에게 진심으로 고마움을 전한다.

마지막으로 책의 출간 시기에 일생의 한 과정을 지나가는 지우와 태영, 한나, 나영에게 사랑의 마음으로, 그리고 항상 격려와 사랑을 준 아내 마리안나에게 사랑과 함께 고마운 마음으로 이 책을 바친다.

2012년 8월 북한산 자락에서

저자 **김성수**

차 례

1. 건축물 감정이란?

1-1. 건축물 감정

건물을 신축하거나 인테리어 공사, 리모델링 등 건축물을 시공할 때 해당 공사가 무사히 완료되는 것이 가장 바람직 할 것이다. 그러나 모든 공사가 무사히 완료될 수는 없으며, 건설사와 건축주 사이에 어떠한 경우에서든지 분쟁이 발생하는 것을 주변에서 종종 목격하게 된다. 또한 건축주에 의한 공사는 아니지만 인접지에서의 대규모 공사로 인하여 건물에 피해가 생겼을 경우 등과 같이 건축물에 대한 분쟁이 발생하는 경우와, 건물을 임대하여 사용하는 때에 임대 건물에 설치된 시설물에 관한 서로의 의견 차이로 분쟁이 발생하는 경우도 있다.

이렇게 건축물과 관련되어 분쟁이 발생할 경우 이해 당사자들은 본인의 입장에서 해당 공사비나 그에 상당하는 금액을 제시한다. 그러나 각 이해 당사자가 제시하는 금액은 거의 대부분 각자의 입장에서 산정하게 되므로, 상대방의 제시금액과는 상당한 차이를 보여 서로 합의 하기에 어렵게 되는 경우가 대부분이다. 만일 이해 당사자 양측이 건물에 대해 해박한 지식을 소유하였다면 서로의 경험과 지식을 바탕으로 분쟁 해결이 어느 정도 가능할 수 있겠으나, 대부분 건축물 분쟁의 한쪽 혹은 양쪽 모두 건축물에 대한 지식이 전무하여 객관적인 합의점을 찾기에 불가능하다는 것이 일반적이다.

과거에는 분쟁 시 물리적으로 강한 쪽, 즉 일반적인 표현으로 목소리가 큰 쪽이 유리하였으나 현재 우리 사회 전반에 걸쳐 문제해결 과정에 있어서의 합리적인 대응력이 높아져 객관적인 상황에서 타당한 합의점을 찾으려 이해 당사자 양측에서 노력하는 경우가 대부분이다. 그렇기에 이 과정에서 객관적인 합의점의 제시는 무엇보다 필요하며 중요하다.

다시 말해 건축물에 나타난 상황을 고려한 공사비나 이에 소요되는 금액 혹은 그 공사에 대한 제조원가를 파악하여 객관적인 시각에서 금액이나 건축물의 상황을 확정하여 주는 건축물 감정은 없어서는 안 되는 필수적인 기준인 것이다.

간단히 예를 들어, 신축한 건물에 콘크리트 균열이 발생하였다고 가정해 보자. 그럼 건축주는 건설사에 이 균열을 보수해 달라고 요구할 것이다. 건설사가 이 균열을 보수하였다면 서로 분쟁이 발생하지 않았을 것이나 건설사가 일방적으로 보수하지 않거나 건설사 입장에서 이 균열은 일반적인 건축 통례로 볼 때 충분히 발생할 수 있는 균열인데 건축주가 무리하게 보수를 요구한다고 판단하여 보수를 하지 않았다면 서로 간에 분쟁이 발생할 수밖에 없을 것이다.

이런 경우 양측에서 분쟁의 합의를 위하여 해당 하자에 대한 객관적인 하자보수 공사비를 산정하여 합의의 기준을 제시하는데, 이는 건축물 공사비 산정 감정의 한 예로 분쟁 해결을 위한 개인 간의 감정, 즉 사인(私人) 감정이다.

만일 분쟁의 합의가 이루어지지 않아 민사소송으로 발전할 경우에 재판부는 건축에 대한 전문적인 지식이 없어 객관적인 기준을 확정하기 어려우므로, 건축 전문가인 건축 감정인을 지정하여 이 소송사건을 해결하는 데 필요한 객관적인 기준, 즉 공사비의 산정을 의뢰하여 이 기준을 근거로 해당 사건의 소송을 해결하게 된다. 이는 건축물 공사비 산정 감정의 또 다른 한 예로 소송 중 법원에 의해 수임되는 감정인 법원 감정이다.

건축물은 무수히 많은 제품과 그 제품을 설치하는 데 많은 인력이 필요한 특성을 가지고 있으며 제품의 품질과 아울러 사용자의 감성까지도 고려하여야 하는 복잡한 제품이다. 이런 복잡한 건축물에 대한 해박한 지식과 다양한 경험을 가진 전문인이 건축물에 관련된 분쟁을 해결할 수 있도록 객관적인 기준을 산정하고 판단하여 주는 것이 건축물 감정인 것이다.

일반적으로 건축물 감정 시 요구되는 것이 감정 목적물의 상황에 따른 공사비라고 알고 있을 것이다. 그러나 대부분의 감정 내용을 보면, 무엇보다 먼저 요구하는 것은 감정 목적물 건물의 해당 상황을 확정해 주는 것이다.

예를 들어 건축물의 하자에 관련된 분쟁이라면 하자의 부분을 명확히 확정해 주기를 요구하며, 도로 확장에 의한 건물절단 보수 공사비에 관한 감정이라면 절단 후 건물의 적절한 활용에 대한 재설계를 요구하고, 기성고에 관한 건축물 감정이라면 건물이 중단된 상태가 어느 공종까지인지 등 단순히 공사비 산정이 아닌 그 분쟁의 원인인 건축물의 구체적인 상황 확정을 요구한다.

다시 말해 해당건물의 상황을 명확히 판단하여 확정하는 것이 건축물 감정 시 가장 중요한 업무이며, 상황이 명백하고 확실하게 드러난 후 이에 따른 해당 공사비를 산정하는 것은 그 결과물이라 할 수 있다.

1-2. 건축 감정인

현행 여러 가지 규정을 참고하여 보면 건축물에 대한 감정은 공사비에 관해서는 건축사와 건축시공기술사가 담당하며, 건물 구조 안전에 대하여는 건축구조기술사가 담당하고 있다. 이에 대한 자세한 내용은 다음 항에서 자세히 논하도록 하고 여기에서는 감정인이 감정에 임하는 방법과 자세에 대해 개략적으로 논하도록 하겠다.

과거에는 건축물 분쟁의 형태가 매우 단순하여 공사비 산정만으로 건축물의 감정이 가능하였을지 모르나, 현재는 이해 당사자 및 관련 대리인인 변호사들도 건축물의 분쟁 요인 및 형태에 대해 과거와는 다르게 많은 지식을 확보하고 있으므로 건축물에 관련된 분쟁이 결코 간단하지 않다.

이렇게 날로 복잡하고 다양한 분쟁을 해결하는 데 객관적인 자료를 제시하여야 하는 건축 감정인이 과거의 구태의연한 생각으로 단순히 공사비 산정만이 건축물 감정이라 생각하여 단순히 감정에 임하였다가는 그 분쟁의 해결을 돕는 것이 아니라 분쟁을 더욱 촉발할 수 있음을 명심하여야 한다.

건축물을 감정하고자 하는 건축 전문가 중에서도 건축물 감정은 감정 결과가 대부분 공사비로 나타나기 때문에 단순 공사비 산정만을 하는 업무로 착각하여, 건축물 감정에 대한 경험이나 진지한 고찰 없이 건축물 감정을 수임하고자 하는 경우를 가끔 보게 된다.

그러나 건축물 감정은 단순히 공사비를 산정하기에 앞서, 건축적인 경험을 바탕으로 공사비를 확정하고자 하는 목적물의 상황을 정확히 판단하고 확실하게 결정해야 한다. 또한 감정의 기본 원칙 및 방법을 이해하고 있어야 한다. 그래야 확정된 결과를 기준으로 감정 방법과 취지를 정확히 이해하고 숙달된 상태에서 어떤 감정 방법, 혹은 기법을 적용하여야 당 분쟁에 가장 적절한 공사비를 산정할 수 있는지를 결정할 수 있기 때문이다.

실제로 건축물 감정은 건축 경험을 바탕으로 각 분쟁의 건축적 감정에 필요한 해석이 이루어진 후, 이를 분쟁 해결을 위해 객관적 자료로 보여주기 위한 건축물 감정 방법의 명확한 적용이 필요한 업역으로, 건축과 감정 두 분야 모두에 있어 풍부한 경험과 이해를 요하는 고유한 업무 영역이다.

건축 감정인의 감정 결과가 분쟁 중인 이해 당사자들에게 얼마나 중요한 사항인지를 숙지하고 충분히 훈련하여 감정 업무를 명확히 이해한 상황에서 건축물 감정에 접근하기를 건축 전문가들은 진정으로 바란다.

이 책에서는 기본적이나마 건축물 감정의 원칙을 알고자하는 향후 건축물 감정인들을 위해 참고가 되었으면 하는 바람으로, 건축만을 전문으로 하는 건축 감정인이 감정하였을 경우를 필자의 경험을 통해 예를 들어 보고자 한다.

이 분야에서 일하면서 필자는 이미 완료된 건축물 감정서의 검토를 의뢰받은 적이 있었다. 건축주는 해당 감정서의 결과를 수용할 수 없다면서 필자에게 검토를 부탁하였는데, 필자는 다른 감정인이 작성한 감정서의 검토는 가능하다면 사양하는 입장이므로 이를 거절하고자 하였다.

그러나 건축주의 주장을 들어보니 그 감정한 내용이 건축 감정인인 필자의 입장에서도 이해가 되지 않는 부분이 많아 '한번 읽어보자' 하는 마음으로 감정서를 넘겨보았다. 그러나 해당 감정서가 감정의 본질 및 원칙을 너무 많이 왜곡하고 있어 결국에는 건축주와 상의하여 감정서 전부를 검토하기로 하였다. 그러면서 '이해 당사자에게 너무나도 중요한 감정을 건축 감정인들이 너무 쉽게 생각하는 것이 아닌가?' 하는 생각이 들었다.

이제 실례로 필자가 검토한 내용 일부를 간추려 적어 이해를 돕고자 한다. 이 내용은 누구를 비방하자는 것이 아니라 그 감정서의 내용을 참고삼아 건축 감정인의 자세와 현행제도 및 감정의 기본 원칙이 필요한 많은 분들에게 정보를 제공하고, 우리 건축 감정인 스스로 기본적인 건축물 감정에 임하는 자세에 대해 쓰는 것이니 넓은 이해를 바란다.

이 감정 사례는 건물이 공사가 중단된 상태에서 건설사는 기성고에 대한 감정을, 건축주는 중단된 상태까지의 하자보수 공사비에 대한 감정을 동일한 건축 감정인에게 의뢰한 공사비에 관한 민사소송 사건이었다. 감정에 문제가 되었던 사항을 중심으로 참고가 될 만한 내용을 살펴보도록 하겠다.

1) 감정 진행 시 건축 감정인으로서 행동해야 한다.

필자는 건축주를 해당 감정이 진행되는 도중에 처음 만나게 되었다. 건축주의 의견은 각 하자 항목에 대해 감정인 A씨가 현장 조사 시, 혹은 관련 회의 중 대부분 하자가 아니라고 강력히 주장하고 있는 것으로 보아, 감정인 A씨가 건설사와 유착되어 있는 것이 아닌지? 하는 의구심을 가지고 있었다. 심지어 감정인 A씨를 불신하니 다른 감정인을 통한 재감정을 재판부에 요구할 수 있는지까지 필자에게 문의하는 상황이었다. 건축주의 의견을 들어보니 건축주가 그렇게 판단하는 이유를 일부는 이해할 수 있었다.

정황을 살펴보건대 감정인 A씨는 감정 진행 도중 이유에 상관없이 건축주에게 불신을 심어주었다. 감정은 분쟁을 해결하는 객관적인 기준을 제시하여야 하므로, 감정은 이해 당사자에게 객관적이라는 신뢰를 주어야 하는데 일단 이 부분에서 감정인 A씨는 감정인으로서의 행동에 커다란 실수를 한 것이다.

현장 조사 시 감정인은 양측의 주장을 성의 있게 경청하고 필요한 질문만을 하며 열심히 자료를 수집하는 자세로 임하여야 한다. 그 자리에서 굳이 즉답을 한다든가 일방에 유리한 것 같은 행동 등 어느 한쪽에게라도 불리하다는 인상을 주어서는 안 되는 것이다. 감정인도 사람이므로 분명 좋고 싫음은 있겠지만, 이해 당사자에게는 항상 객관적인 자세로 신뢰를 주어야만 한다. 이 신뢰가 종국에는 '감정서의 신뢰'로까지 연결되기 때문이다. 만일 감정서를 신뢰하지 못하면 객관적인 기준 제시라는 감정의 기본 원칙이 흔들리는 중대한 문제가 발생하기 때문이다.

아울러 해당 감정의 절차 및 방법과 건축의 경험 등 건축 감정의 기본 사항을 충실히 숙지하고 있다는 인상을 강하게 준다면, 이해 당사자뿐만 아니라 재판부에도 깊은 신뢰를 주게 되어 추후 제출된 감정서도 함께 신뢰를 받을 수 있다.

감정의 기본 원칙은 모두에게 신뢰를 받는 것인데, **이 신뢰를 얻는 방법은 객관적인 자세와 감정의 풍부한 경험을 바탕으로 한 지식**으로 정리할 수 있을 것이다. 건축물 감정에 경험이 없는 건축 전문가가 감정에 임하게 되는 경우, 보통 객관적인 자세 유지조차 하지 못하고 어떻게 처신하여야 하는지에 대한 중심을 잡지 못한 채 미숙한 모습을 보이게 된다. 또 건축 감정의 기본 지식이 적어 문제 해결에 대한 방향 제시를 어떻게 해야 하는지도 모르는 등 최초 현장 검증 시부터 신뢰를 얻기가 거의 불가능하다는 것이다.

필자는 운이 좋아 다른 건축 감정인의 현장 조사 등 감정 업무에 여러 차례 동행하여 이 과정을 일부라도 배우고 건축 감정을 시작하였음에도, 건축물 감정에 있어 어리숙하고 무지하였던, 감정을 시작할 당시의 기억을 떠올리면 얼굴이 붉어지곤 한다. 다시 강조하건대 감정인의 풍부한 경험이 수반되어야 현장 검증부터 감정서 제출 시까지 감정에 대한 신뢰가 유지될 수 있다. 때문에 필자는 감정인은 우선 경험이 풍부하여야 한다고 생각한다.

참고로 감정인 A씨는 감정서 제출 후 건설사에게서도 해당 감정에 대해 상당한 불신을 받았다는 이야기를 들었으며, 건설사와의 유착은 없었다는 다행스러운 사실이 확인되었다.

2) 감정의 방법을 정확히 숙지해야 한다.

이 감정은 기성율과 하자보수 공사비 산정에 관한 감정이었다. 이 두 개의 감정서에서는 표기의 오류가 명확히 발생하고 있다. 혹자는 표기의 오류보다는 기성율과 하자보수 공사비 산정만 정확하다면 문제없는 것이 아닌가라고 생각할 수도 있으나, 이런 표기의 오류는 아무리 감정금액이 정확하다 하더라도 감정서 전체에 불신을 줄 수 있는 사항이다. 이 부분에 대한 보다 확실한 이해를 돕기 위해 표기의 오류에 대해 우선 간략히 소개하겠다.

① 기성율

기성율에 관해서는 제2장 건축물 공사비 감정의 종류에서 자세히 다루겠으나 핵심만을 기술해 보면, 기성율은 총공사비에 대한 이미 완성된 부분에 소요된 공사비의 비율이며, 기성고는 이 기성율에 계약도급 공사금액을 곱하여 나온 중단된 공사까지의 공사금액이다.

기성율(%)=(이미 완성된 부분의 공사비÷건물을 완성하는데 소요되는 총공사비)X100%

기성고 = 기성율(%) X 도급계약금액

그런데 감정인 A씨의 감정서 감정 결과에는 1)감정금액, 2)기성금액, 3)기성율(기성금액÷감정금액)로 명기되어 있었다.

1) **'감정금액란'** 에 감정인 산정 총공사비가 기재되어 있었는데, 건축물 감정에서 감정금액이라는 표현은 잘 사용하지 않는다. 그럼에도 굳이 구분하고자 한다면 '최종 결과의 금액' 을 감정금액으로 표현하여야 할 것이다. 2) **'기성금액란'** 에는 이미 완성된 부분에 소요된 공사비가 기재되어 있었는데, 여기서 기성금액이란 '기성율' 이후에 산정되는 '기성고' 라는 표현과 혼란을 일으킬 수 있는 표기 오류로, 이로 인해 경험이 조금이라도 있는 이해 당사자는 물론, 특히 재판부에서 감정서 전체를 불신하는 일이 발생할 수도 있을 것이다.

② 하자보수 공사비

이 감정서는 감정 결과에서 하자보수 공사비의 표기를 "하자담보 책임기간" 이라는 문구를 명시하고, 4) 사용검사 전/후 구분 및 사용승인 이후 하자는 1, 2, 3, 5, 10년차로 구분하고 있었다. 이를 보아 감정인 A씨는 〈건설산업기본법에 의한 하자담보 책임기간 적용〉을 기준으로 명기한 것으로 보인다.

하지만 이는 하자보증금 및 손해배상에 관련된 공동주택 입주자와 건설회사 및 보증보험사와의 공동주택 하자 관련 분쟁의 경우에 필요한 감정 방식으로, 공사가 중단된 상태에서의 하자보수 공사비의 산정 및 일반 도급공사에 대한 이번 감정과는 전혀 무관한 표기 방법인 것이다. 다시 한 번 강조하지만 건축물 감정의 기초적 상식에서 벗어난 표기 오류는 이해 당사자 및 재판부에게 감정인이 해당 감정을 정확히 이해하지 못하고 있다는 인식을 줄 수 있으며, 이는 최종적으로 감정서에 대해 불신을 불러일으킬 수 있는 중요한 요인으로 작용할 수 있음을 명심해야 한다. 이러한 여러 가지 사례를 보고 필자가 판단하건대, 감정인 A씨는 건축 경험과 지식은 풍부하지만 감정에 대한 지식 및 경험이 다소 부족한 것으로 판단되어 아쉬웠다.

재차 강조하건대, 건축물 감정은 단순히 공사비만을 산정하는 것이 아니다. 감정의 방법을 명확히 알고, 그 방법을 적절히 사용하여 이해 당사자 및 재판부에 신뢰를 주어야 진정으로 가치 있는 건축의 기술이 동반된 용역 결과물이 된다는 사실을 잊지 말아야 한다.

3) 감정의 절차 및 법리적 부분까지 숙지해야 한다.

이 감정은 건설사의 기성율과 건축주의 하자보수 공사비 산정의 감정이 한 목적물을 대상으로 동일한 감정인이 실시한 감정이다. 한 목적물을 대상으로 하며 한 명의 감정인이 실시한 감정이더라도 각각의 감정은 별개의 감정으로 보아야 한다. 한 감정인에게 두 감정을 동시에 의뢰한 것은 단지 업무의 편의를 위한 것인데, 감정인 A씨는 이를 크게 착각을 하고 있었다.

구체적으로 예를 들어 보면, 감정인 A씨는 "기성고에서 변경 시공된 부분의 공사비를 산정하였으므로 하자보수 공사비에서는 제함"이라고 명기하고 있는데, 이 적용은 큰 오류를 범한 것이다.

이 변경 시공 하자 부분은 기초판 두께를 얇게 변경 시공한 것으로–기초판 변경 시공이 공사비 차감으로 적용할 수 있는지 여부는 다음에서 다루기로 하겠다–부족한 기초판 두께만큼 기성율에 의한 기성고에서 차감되었으므로 하자 보수비, 즉 건축주 측에 '손해액 및 차후 보수비는 차감된 공사비로 갈음할 수 있다'로 판단한 것으로 보여진다.

그러나 변경시공에 의해 기성고가 차감된 것은 공사를 한 건설사가 책임질 사항이다. 건축주가 공사비를 그 부분만큼 적게 지불하였으므로, 하자 보수비 혹은 그 하자로 인한 손해액을 감수해도 무방하다는 것은 이유가 되지 않으며, 이는 분명 건축주가 책임질 부분이 아니다.

아울러 건축주가 이 기초 부분을 재설치 혹은 보강 등 보수하기 위해서 이미 설치된 구조체 일부를 철거하거나 보강공사를 해야 하는데 이럴 경우 기존 공사비 이상의 하자보수 공사비가 투입될 수 있다는 것이다. 만일 하자보수 공사비만을 감정할 경우와 이 감정 사례와 같이 기성율과 함께 감정할 경우, 현재 동일한 하자 부분에 대한 보수 공사비가 달라질 수 없다고 볼 때, 별개의 두 감정을 어떤 이유에서였든지 혼용하여 적용한 것은 감정의 법리적 해석이 부족한 것으로밖에 판단되지 않는다. 이는 감정에 대한 불신 이전에 감정의 방법과 원칙이 무시되어 이미 객관적인 자료의 가치를 상실한 감정인 것이다.

건축 감정인은 단순히 공사비 산정만을 하는 것이 아니라 일정 부분은 법리적 부분까지 숙지하여 적용하여야 객관적인 자료로서 가치 있는 감정 결과물을 만들 수 있다는 사실은 여러 번 강조해도 미흡하다 하겠다.

4) 건축 전문가로서의 자질을 충분히 확보해야 한다.

일반적으로 보수 공사비 산정 기준은 보수가 가능한 하자는 보수 공사비를 산출하고, 지장을 초래하는 중대한 하자이나 보수가 불가능한 하자는 재시공하는 데에 소요되는 비용을 산정한다. 한편 하자가 중대하지 않은 경우는 시공비용 차액 또는 재료비 차액으로 각각 분류하여 산정하고 있다.

이 감정서에서는 콘크리트 구조물이 설계도면보다 적게 시공된 경우까지도 하자가 중대하지 않은 경우로 보아 시공비용 차액을 변경공사에 의한 보수 공사비로 산정하고 있었다. 한 가지 예를 들면, 감정인 A씨는 기초판의 두께가 부족한 변경시공에 대해 공사비 차액으로 산정하였는데, 기초판의 두께 부족을 경미한 하자로 판단한 것에 대해 과연 A씨가 건축 관련 전문 자격자인지에 대한 의문이 생겼다. 이 부분만 보더라도 최소한 건축주 측과 재판부에서는 건축 기술적으로 이 감정서에 불신을 가지게 되었을 것이며, 나아가 이 감정서는 객관적인 자료로서의 가치를 상실하였을 것이다.

건축 전문가인 경우 감정의 법리적 부분을 자세히 모르는 것에 대해 일정 부분 이해는 되지만, 건축 분야 관련자인 필자도 건축의 기본 이론에 대한 무시는 용납하기 어렵다. 지금 생각해 보면 아마 감정인 A씨는 기초판을 근본적으로 보수할 경우에 나타나는 여러 가지 여파를 고려하여 그러한 감정을 하였을 뿐, 기초판의 원리에 대해 무지해서 그와 같이 감정하지는 않았을 것이라 생각한다. 그렇다 하더라도 건축 기술자로서의 기본은 유지했어야 한다는 대전제를 간과한 감정인 A씨가 그 책임을 면할 수는 없을 것이다.

5) 책임감을 가지고 감정 업무를 진행해야 한다.

감정인 A씨는 자신의 감정서에 "구조적 검증 필요 시 구조감정이 별도로 추가되어야 할 것임" 혹은 "구조적 안정성 검토를 권유함"이라고 명기하고 있으며, 이 하자에 대해 하자 보수비를 제하거나 공사비 차액을 위주로 하자 보수비를 산정하고 있다. 그러면서 대부분의 구조물 감정에 대해서는 구조 안전성 검토를 이유로 이 사항이 하자인지, 아닌지 여부 및 앞으로 어떻게 진행하여야 해결이 가능한지 여부 등 구체적인 명시가 없는 무책임한 감정서를 제시하였다.

공사비를 감정하는 감정인인 경우 구조 전문가는 아니므로 건물 구조체에 관한 사항을 종종 위와 같이 표기하는 경우가 있다. 그러나 스스로가 자신 없는 분야인 구조 안정성 검토를 이유로 구조체의 감정에 대해 많은 부분을 회피해야 하는 정도였다면, 감정인은 감정을 의뢰 받을 당시에 구조 전문가에게 감정을 의뢰하라고 건축주에게 권했어야 한다. 할 수도 없는 감정은 애초에 시작하지 말았어야 한다.

물론 상황에 따라서 구조적으로 몹시 첨예하다면 충분히 이해가 되며 당연히 그렇게 하여야 한다. 그런데 대부분의 감정 사항은 구조적으로 첨예하지 않다. 따라서 감정을 하는 건축 전문가라면 건축구조에 대한 기본적인 지식은 있어야 하며, 필요하다면 구조 전문가에게 의뢰하던지, 혹은 주변의 인맥을 통해 간단히 자문을 구하는 방법으로라도 최대한 감정 사항에 대한 검토와 판단을 해주어야 할 의무가 있는 것이다.

정말 공사비를 산정하는 시공기술사나 건축사가 판단하기 힘든 구조적인 사항이 있어 구조안정성 검토가 필요하다면 '감정 사항란' 에 '본 항은 하자로 판단되나, 본 부분은 구조 전문가의 보강 방법이 제시되어야 보수 공사비를 산정할 수 있는 사항임' 또는 '구조 전문가의 보강 방법이 제시될 경우 재감정을 요하는 사항임' 등과 같이 명확하게 표기하여 이해 당사자 및 재판부의 이해를 돕고 결과적으로 해당 감정서가 해결의 참고자료로 이용될 수 있도록 하여야 한다.

아울러 '보수 공사비를 산정하였음' 과 같이 어떤 공사 방법의 제시가 없는 경우에도 마찬가지이다. 건축 관련자는 내역서 등을 통해 매우 어렵게 확인은 가능하나, 대부분의 이해 당사자 및 재판부는 건축의 비전문가이므로 그 상황을 파악하기가 불가능하다. 따라서 '어떤 공법으로 어떻게 보수하는 데에 소요되는 공사비를 산정함' 과 같이 명확히 명기할 필요가 있다.

물론 공사비를 산정하는 감정인이 모든 부분까지 감정하자는 것은 아니다. 감정인이 가능한 범위 내에서 가능한 방법을 동원하여 감정 사항을 최대한 검토 · 판단하여야 하며, 불가능하다면 그 이유 및 향후 진행사항 등을 명확히 명기하여 분쟁이 해결될 수 있는 자료로서의 감정서를 제공해야 한다. 그렇게 했을 때 감정 업무를 책임 있게 충실히 수행하였다고 할 수 있을 것이다.

6) 현장 조사 및 참고자료의 검토를 철저하게 해야 한다.

여러 번 강조하지만 감정은 해당 목적물의 사항을 명확히 확정하여야 하는데, 이렇게 하기 위해서는 현장 조사를 철저히 하고, 제시된 자료를 충분히 검토하여야 해당 목적물의 감정 사항을 정확히 확인할 수 있을 것이다. 혹시라도 이를 부실하게 하여 현장의 상황을 정확히 인지하지 못한 상황에서 감정서를 작성한다면 그 감정서는 이미 감정 사항을 충족하지 못한 가치 없는 감정서가 될 것이다.

감정인 A씨의 감정서에서는 현장에서 건축 전문가라면 쉽게 확인할 수 있는 슬래브 두께 부족이나 슬래브 철근 배근 부실 등과 같이 철근콘크리트 공사의 기본적인 시공법에 대한 오시공 확인이 되어 있지 않았으며, 1층 바닥의 테두리보 높이를 현황과 다르게 실측하고 있었다. 아울러 제시된 여러 종류의 설계도면의 작성 시기나 작성 이유에 대해서도 명확한 확인이 없어 어떤 설계도면이 적용되어야 하는지에 대해서도 혼란이 있는 것으로 보였다.

이처럼 건축 전문가가 명확히 판단하여야 하는 현장 조사가 부실하였거나, 제시된 자료의 적정 적용 여부가 부실한 경우, 그것을 기준으로 작성하는 감정서는 해결의 기준이 되어야 하는 의미에서 기준이 정확하지 않으므로 가치를 상실하였다고 보아야 하는 것이다.

건축물 감정인은 제시된 자료의 정확한 판단 능력과 함께 건축 전문가로서 현장 조사를 충실히 수행해야 함을 다시금 명심하기를 바란다.

7) 공사의 절차와 과정에 따라 같은 사항이라도 다르게 적용해야 한다.

이 감정서의 현장은 지하층 기초판의 두께가 얇게 시공되어 있었는데, 그 과정은 건설회사가 일방적으로 지하 기초를 설계도면과 다르게 규격 미달로 변경 시공하였고, 건축주와 현장 감리자가 강력히 항의하여 구조안전 진단을 받았다. 구조안전진단 결과 현 시공 상황이 구조적으로 안전하다는 의견이었다. 이에 감정인 A씨 구조적으로 안전하므로, 하자보수 공사비는 없다고 보아 제외하였다. 그러나 건설사가 공사 도급 계약인 설계도면과 다르게 기초판을 변경 시공하였으므로, 이는 변경 시공 하자로 보아야 할 것이다.

만일 구조 안전 검토가 없었다면 중대한 변경시공으로 보아 지하 기초판의 보강 보수를 하는 데 소요되는 공사비를 산정했어야 할 것이나, 일단 구조안전 검토 결과가 안전하다는 의견이므로, 변경시공 보수 방법에 대해서는 최소한 절감된 공사비라도 산정했어야 했다.

위 변경시공 보수 방법에 대해 건축 기술자인 필자 입장에서는 무책임하게 기초판을 규격미달로 시공한 건설사에게 절감된 공사비만을 산정하는 것이 매우 불만이지만, 구조 안전성 검토가 있었기 때문에 이를 경미한 변경공사로 볼 수밖에 없는 현실이 객관적인 감정의 기준이다.

같은 상황일지라도 공사의 절차와 과정에 따라 그 감정 결과는 법리적으로 매우 상이할 수 있다. 그렇기에 경우에 따라 적절히 판단할 수 있는 건축적 기술과 법리적 해석 능력을 갖출 수 있도록 항상 연구하는 자세가 필요하다.

지금까지 실례를 들어 감정인이 감정에 임하는 자세와 방법에 대해 다소 길게 논하였는데, 이는 실제로 감정의 경험이 풍부하지 못한 경우 종종 범할 수 있는 실례이기에 언급한 것이다. 다시 말하건대 감정이란 단순히 공사비 산정보다는 해당 상황을 어떻게 적절히 판단하여 확정하는지 여부가 더욱 중요한 업무이며, 공사비 산정은 그 확정된 상황에 대한 결과물임을 명심하기를 바란다.

1-3. 건축물 감정에 대한 현행 제도

건축물 감정은 건축물의 특성상 건축을 전문으로 하지 않은 사람이 그 기준을 확정하기에는 매우 어려운 것이므로 이 건축물의 특성에 대해 해박한 경험이 있는 전문가, 그 중에서도 건축물 감정 경험이 풍부한 건축 전문가가 수행하여야 한다.

대법원은 건설 감정에 대하여 1997년부터 '공사비 등의 감정을 요하는 사건에 있어서 조정의 활성화 및 감정인 · 건축전문위원의 선정 · 활용 등에 관한 예규(송민 97-5)' 를 제정하여 시행하고 있으며, 위 예규 제5조 제2항은 "법원장이 건축사, 건축구조기술사, 건축시공기술사 등 자격을 가진 자 중에서 소속단체가 추천한 자 및 본인이 신청한 자 중에서 적절한 자를 지정" 하도록 되어 있다.

이에 따라 각 법원과 지원은 매년 12월 20일까지 건설 감정인 명단을 작성하는데, 실무상 종전의 감정인 중에서 특히 문제가 있다고 보이는 자(감정 내용이 부실하거나 감정인 선임을 회피하는 자), 고령으로 감정에 적합하지 아니한 자 등을 제외시키고, 신원조회를 거쳐 특별한 사유가 없는 한 건설 감정인 명단에 등재시키고 있다.

아울러 서울지방법원은 이전에는 건설 감정인을 '건축 감정인' 및 '건축구조 · 안전 감정인' 으로 구분하여, 건축 감정인은 건축사와 건축시공기술사로 건축 감정인으로 등재하고 이들은 공사비 등에 관한 감정을 수행하도록 하며, 건축구조 · 안전 감정인은 건축구조기술사로 건축구조 · 안전 감정인으로 등재하여 건물의 안전 및 구조에 관한 감정을 수행하도록 하고 있다.

법원에서 수행하는 감정 외에 개인 간의 분쟁 해결을 위한 건축물의 감정에서도 일반적으로 분쟁 해결의 공인기관인 법원의 기준을 근거로 하여 공사비 등의 건축물에 대한 감정은 건축사와 건축시공기술사가 수행하고, 건물의 구조 · 안전에 대한 감정은 건축구조기술사가 수행하고 있다. 따라서 만일 소송 전 개인 간의 감정을 필요로 하는 경우에라도 가능하다면 법원에 등록된 해당 자격자의 감정에 도움을 받는 것이 추후 경제적으로나 시간적으로 유리할 수 있다.

한편 필자의 경험에 따르면, 법원의 감정인 등재 기준과 동일한 자격자가 개인 간의 감정을 수행하였고, 추후 소송이 진행되었을 때 재판부에서 이 개인 간 감정서의 객관성을 인정하여 별도의 법원 감정 없이 소송 전에 진행된 감정서를 받아들인 사례도 있다.

법원에서는 매년 12월 20일까지 건설 감정인 가운데 신청을 받아 명단에 등재한다고 하였는데, 법원에 등재를 원하는 분들을 위하여 간단히 그 절차를 소개하고자 한다.

매년 10월 중에 각 지법 및 지원(이하 '지법')에서는 각 지법 홈페이지를 통하거나 각 관련 협회에 각 지법 별로 감정인 등재 신청을 공고하며, 신청일은 대략 10월 20일부터 11월 15일경이나, 일정은 각 지법에 따라 매년 달라지므로 자세한 일정을 매년 확인하여야 했다. 그러나 본 책의 간행에 앞서 다시 확인한 바, 감정인 신청 방법이 대법원 행정처를 통한 온라인 접수 방식으로 전체 법원 및 지법에 대해 일괄 신청으로 법원의 감정인 신청 방법이 변경되었다. 따라서 감정인 신청 시 재확인이 꼭 필요하다.

필자가 확인해 본 바로는 직접 접수 방법에서 법원 행정처를 통한 온라인 접수로 접수 방법만이 변경되었지 제출 서류 등은 과거와 동일한 것으로 현재까지는 확인되어, 과거 직접 접수 방식의 제출서류 등을 기준으로 필자가 느낀 바를 정리해 보면 다음과 같다.

감정인은 건축 관련 감정인외에 감정평가사와 문서, 측량 등이 감정인을 함께 등재 공고를 하는데, 공고 내용 중 건축 감정인에 대해 간략히 보면, 일반적으로 건설회사나 일반 회사에 속하지 않은 건축사와 건축시공기술사이여야 하며, 지역은 각

'지법' 이 속한 지역위주로, 연령 제한이 있는 지법도 일부 있다.

감정인은 건축 관련 감정인 외에 감정평가사와 문서 · 측량 등의 감정인을 함께 등재 공고를 하는데, 공고 내용 중 건축 감정인에 대해 간략히 살펴보면 다음과 같다.

일반적으로 건설회사나 일반 회사에 속하지 않은 건축사와 건축시공기술사이어야 하며, 지역은 각 지법이 속한 지역 위주로 하며, 연령 제한이 있는 지법도 일부 있다. 제출 서류는 주로 사무실의 규모와 감정인의 경력을 위주로 요구하며, 범죄에 대한 경력이 없는 것을 우선으로 한다.

그런데 과거 이 제도가 신설될 당시 법원은 단순히 공사비만을 건축 전문가가 산정해 주면 그 공사비를 기준으로 법리적 해석은 법 관련자가 할 수 있는 것으로 보아, 현행 제도처럼 건축사나 건축시공기술사 등 건축 전문가 모두에게 문호를 개방한 것으로 보인다.

그러나 현재 대부분의 분쟁이 단순한 공사비 산정이 아니라 감정 목적 건물에 나타난 복잡하고 복합적인 요소를 법리적으로 적절하게 확정해 줄 것을 명확히 요구하고 있는 상황에서 감정의 경험이 부족한 모든 건축 전문가에게 문호를 개방하는 것이 과연 옳은가를 재검토해야 할 시점으로 보인다.

감정의 경험이 적은 건축 전문가에게 이러한 논란이 혹여 기득권자의 자기 것 챙기기로 비쳐질지 몰라 필자도 매우 불편하고 미안한 마음이 들지만, 감정이라는 절차가 우리 건축 전문가가 생각하는 것보다 이해 당사자에게는 무엇보다 중요하고, 첨예한 사안이라는 것을 인지하고 이해한다면 이미 다양한 감정 경험을 쌓은 선임자들의 의견도 받아들일 수 있을 것으로 본다.

법원이 등재를 위해 요구하는 서류를 보면 대부분의 서류가 회사의 규모에 관한 서류이며, 그중 일부가 감정인의 경력에 관한 서류이다. 물론 회사의 규모가 크고 안정적인 경우 업무 추진의 원활성도 있을 수 있으나, 대부분의 감정(대단위 공동주택 하자에 관한 감정은 제외하고)은 소규모 인원으로 충분히 업무 수행이 가능하다. 오히려 경험이 많은 정예화된 소수 인원의 감정 업무 수행이 더욱 충실하며, 이런 경우 해당 감정인이 더욱 적극적으로 감정에 관여하는 것을 여러 번 경험하였다.

아울러 더욱 중요한 것은 건축 전문가라고 해서 그들 모두가 건축물의 감정을 원활히 할 수는 없다. 감정의 경험이 풍부한 건축 전문가라야 법리적 해석과 감정 방법의 적용 등에서 보다 탁월한 판단을 할 수 있는 것이다. 경험이 부족한 감정인이 작성한 감정서로 소송사건을 해결하는 데는 일정 부분 어려움이 있으며 이는 법원 일각에서 이미 우려의 목소리가 나오고 있는 현실을 보면 알 수 있다. 이러한 기준으로 본다면 현재 법원에서 진행하고 있는 감정인 등재 방법 중 회사의 규모를 기준으로 하는 방법보다는 감정인의 진정한 감정 경험을 기준으로 삼아야 하는 것이 마땅하다.

감정인 등재 방법에 대해 재검토를 하여야 할 시점이라는 데 의견이 모아지는 이 시점에서 필자의 소견을 첨부하는 것으로 이 장을 마치고자 한다. 무엇보다 일정 경험이 있는 건축 전문가로 건축 감정인을 구성하여야 하며, 일정 경험 이하의 건축 전문가 중 건축 감정인이 되고자 하는 건축 전문가는 소정의 교육 등 감정의 지식을 일정 기간 충분히 확보하게 한 후 건축 감정인으로 활동하게 해야 한다는 의견이다.

이는 누구의 업역 확대나 축소에 관한 의견이 아니라 진정으로 분쟁의 이해 당사자 및 현직 재판부에게 명확하고 객관적인 해결 자료의 제시를 하여야 하는 중요한 업무가 바로 건축물에 대한 감정이기 때문에 간곡히 권유하는 바이다.

그러나 지난 9월에 감정인 신청 방법이 전체 법원 및 지법에 대해 대법원 행정처를 통한 온라인 일괄 신청으로 변경되었다는 대법원의 공문을 받았다. 따라서 법원의 감정인 신청 방법이 변경되었음이 확인되었으니 감정인 신청 시 재확인 바란다.

아울러 건축을 전문으로 하지 않은 일부에서 건축물 감정을 단순히 해당 분쟁에 대한 공사비만을 산정하는 감정으로 착각하여 건축 관련 부분에는 존재하지 않는

'적산사' 라는 제도를 주장하고 있는데 이는 우려할 만한 일이다. 건축물에 대한 지식이 거의 전무한 적산사가 공사비에 대한 부분만을 산정하고 건축물에 대한 감정을 해도 된다고 보는 것은 건축물 감정의 의미를 지극히 단편적으로 판단하고 있는 것이다. 다시 한 번 강조하건대, 일반적으로 행하는 건물의 가치 판단에 대한 감정과 건축물 감정은 전혀 별개의 업무로 보아야 할 것이다.

2. 건축물 공사비 감정의 종류

건축물에 대한 감정은 감정하고자 하는 사항의 공사비 산정보다는 해당 상황을 어떻게 적절히 판단하여 확정하는지 여부가 더욱 중요한 업무이다. 공사비 산정은 확정된 상황에 대한 결과물이라 하였으며, 해당 상황을 적절히 판단하여 확정하기 위해서는 그 감정이 어떤 종류인지에 대해 신청된 감정 사항을 기준으로 판단하여야 한다.

감정인이 감정 방법을 정확히 판단, 인지하여야 해당 감정의 법리적(法理的) 해석과 함께 감정의 진행 방향이 명확히 수립되며, 이 감정 진행 과정을 정확히 이해하여야 해당 분쟁을 해결하기 위한 객관적인 자료를 제시할 수 있기 때문이다.

또한 분쟁의 당사자는 당 분쟁을 해결하기 위해 정확하게 어떤 종류의 감정을 하여야 하는지 파악하여 감정 신청을 정확히 하여야, 감정인뿐 아니라 재판부의 판단과 이해 당사자 양측의 합의가 원만히 진행될 수 있다.

이 장에서는 각 감정 종류에 대한 방법 및 그 실례를 이해가 쉽도록 설명하고자 한다. 이는 필자의 경험을 바탕으로 설명하는 것이므로 모든 상황에서 항상 정확하다고 할 수 없다는 점을 밝히며, 아래 설명을 참고하여 적절히 판단하여 적용하기를 바라는 바이다. 이런 건축물의 공사비 산정 감정의 종류는 크게 몇 가지 종류로 분류할 수 있는데, 이 종류를 보면 다음과 같다.

1. 하자보수 공사비 산정에 관한 감정
2. 기성고 산정에 관한 감정
3. 변경 공사비 산정에 관한 감정
4. 투입 공사비 산정에 관한 감정
5. 건물절단에 의한 보수 공사비 산정에 관한 감정
6. 건축물의 가치 산정을 위한 공사비 감정
7. 철거비 및 원상 복구비 산정을 위한 감정
8. 기타 감정

위의 분류는 필자의 경험으로 일반적인 감정의 종류를 분류한 것이다. 이 외에도 분쟁의 종류에 따라 공사비 산정에 관한 감정 사례는 다양하게 나타날 수 있으니, 각 분쟁의 내용에 따라 일부 응용하여 적용할 수 있을 것이다. 물론 상황에 따라서는 위에 열거된 감정의 방법이 한 종류가 아니라 몇 종류가 복합적으로 진행되는 경우도 종종 있다.

예를 들어 건설사와 건축주의 분쟁인 경우, 건설사는 미지급 공사비를 확정하기 위하여 투입된 공사비나 기성고에 대해 감정을 요구할 것이며, 건축주는 건축물에 나타난 하자보수 공사비에 대한 감정을 요구하는 경우가 다반사이다.

이러한 경우 건물 감정에 경험이 적은 감정인 및 분쟁 이해 당사자는 구체적인 사안의 적용에 대해 오류를 범할 수 있다, 감정인이 판단 착오나 경험 부족으로 오류를 범하게 되면 분쟁의 기본적인 감정 결과가 불분명하게 제시되어, 분쟁의 해결이 더욱 어려워지는 경우가 종종 발생하므로, 각각의 감정 방법에 대한 정확한 이해를 바탕으로 적용하기 바란다.

2-1. 하자보수공사비 산정에 관한 감정

1. 하자보수 공사비에 관한 감정은 무엇인가?

건축물은 신축과 동시에 일정 부분에서 '하자'(瑕疵)라고 표현하는 콘크리트 구조물의 균열이나 비가 새고, 배관 파이프가 새는 등의 건물의 기능을 유지하는 데 문제가 생기는 상황이 발생하는데, 이는 현재의 기술 형태로 보아 일정 부분 인정될 수 있다.

그러나 그 범위가 일정 부분을 넘어선 경우, 건축주는 당 건물을 신축하거나 이해 당사자인 건설사에게 이 하자에 대한 보수를 요구하게 되고, 건설사는 이를 보수하여 주어야 한다.

그런데 건설사가 보수공사를 하여주지 않는 경우 혹은 건축주가 무리하게 하자를 확대, 적용하여 보수를 요구하는 경우 등과 같이 건설사와 건축주 사이에서 분쟁이 발생하면서 양측의 합의가 어려운 경우 손해배상청구 민사소송으로 발전하게 된다.

이 경우 분쟁 당사자 양측은 각자의 의견을 집중적으로 주장하게 되는데, 이 상반된 주장에 대해 건축 전문가인 감정인이 객관적인 하자의 범위를 확정하고 이 하자를 보수하는 데 소요되는 공사비를 산정하여 주는 감정이 하자보수 공사비 산정에 관한 감정이다.

다양하게 발생한 하자보수 범위와 보수 공사비를 산정하는 것이 당사자 양측에게 객관적이기는 매우 힘든 사안이므로, 다른 감정보다 더 감정인의 풍부한 경험과 지식을 필요로 하는감정이다.

가장 논란이 많은 콘크리트 구조체에 균열이 발생한 경우의 예를 들어 보자.

콘크리트 구조물은 수분을 포함한 상태로 시공되는 재료의 특성상 균열이 발생할 수밖에 없는 재료이다. 그러면 건물의 구조물에 영향을 주지 않는 범위에서 불가피하게 나타난 균열도 균열 하자로 포함하여야 하는가? 하는 점과 일정 범위를 넘어선 균열의 경우 균열의 폭에 따라 하자보수 방법이 달라지는데, 이 균열 폭의 범위는 어떻게 확정하여야 하는가? 하는 문제 등이다.

다시 정리해 보면 균열 폭이 몇mm부터 하자이며, 보수를 필요로 하는 균열의 경우 몇mm부터 하자보수의 방법을 달리하여야 하는가? 하는 것이다.

이를 적용하기 위하여는 현장 조사 시부터 건물에 나타난 균열의 폭을 모두 확인하고, 그 균열의 하자 적용 여부 및 균열 폭에 따른 하자보수공사 방법 등을 판단, 적용하여야 하는 어려움이 있다.

현장 조사를 해 보면, 콘크리트에 나타난 균열이 구조물에 영향을 주므로 시각적으로 콘크리트 균열이 미세하더라도 정밀 확인을 한다. 일반적으로 구조물의 안전에 직접 영향을 미치지 않는 벽돌벽의 균열이 시각적으로 더욱 크게 나타나므로 일반인인 이해 당사자는 이 균열에 대해 더욱 민감하게 된다. 이런 경우 가끔은 건축 전문가인 감정인조차 혼돈하는 경우가 있을 수 있으니, 현장 조사 시 나타난 하자의 원인을 풍부한 경험과 지식을 바탕으로 냉정하게 판단한 후 적용하여야 할 것이다.

그 외 누수 등 하자에 대해서도 그 원인 파악이 매우 어려운데, 논란이 많은 균열 하자와 누수 등 하자에 대해서는 각 항에서 별도로 자세히 다루도록 하겠다.

균열이나 누수 등을 포함하여 건축물에 나타난 각종 하자에 대해 보수공사를 해야 하는 하자의 범위는 일반적인 생각보다 매우 광범위하므로, 우선 하자가 어떻게 정의되고 있는지 알아보겠다.

2. 하자보수 공사의 범위

일반적으로 건축물 감정이라면 하자 감정이라 생각할 정도로 하자보수 공사비 산정에 관한 감정이 많은 부분을 차지하고 있는 것이 현실이다.

그런데 여기서 말하는 건축물에 나타난 하자를 일반적으로 벽체 등에 나타난 균열이나, 빗물이나 배수관에서 물이 새는 누수만으로 생각하기 쉬우나, 건축물에 나타난 하자의 범위는 단순히 균열, 누수보다는 더욱 광범위하므로 이를 정리해 보면 다음과 같다.

① 시공자가 관련 법규의 규정을 위반하여 시공하거나, 설계도면, 시방서 및 내역서의 내용과 상이하게 시공한 경우

② 관계 법규와 설계도서 등에 의해 시공을 하였다 하더라도, 시공이 잘못되어 건축물이 갖추어야 할 고유의 기능을 발휘하지 못하거나 미관상, 안전상 지장을 초래하는 경우(기능상, 미관상, 안전상의 하자)

③ 넓은 의미의 하자로, 미시공, 변경시공, 부실시공의 경우

위와 같이 하자보수의 공사 범위는 시공이 잘못되어 건축물이 갖추어야 할 고유의 기능을 발휘하지 못한 누수나 안전상 지장을 초래할 수 있는 균열을 포함한 미시공, 변경시공, 부실시공까지 포함하여 하자로 인정하는 것이 보편적이다.

특히 상기에서 미관상의 하자까지 포함하는 것을 주목할 필요가 있다.

① 페인트 공사 시 색깔이 일정하지 않은 경우

② 도배공사 시 벽지 그림이 일치하지 않는 경우 등과 같이 이는 기능상, 혹은 안전상의 불편함은 없더라도 건물의 사용자가 미관상 불편함을 느끼는 경우도 하자로 포함하고 있다. 이처럼 건물 사용자의 주관적 판단까지도 하자로 포함할 만큼 하자의 범위는 매우 광범위하다고 할 수 있겠다.

필자의 생각으로도 건축물이 단순히 공간의 구성과 외부의 영향에서 보호해 주는 기능 외에 건물 사용자의 감성까지 보호할 만큼 각 공종(工種)의 정밀성을 확보하여야 한다는 취지에서 본다면 매우 바람직하다는 생각이다.

그러나 건물 사용자의 지나치게 주관적인 판단에 의해 일반적인 범주를 벗어나

는 부분까지 하자를 주장하는 경우가 종종 발생하는데, 이럴 경우 감정인은 일반적인 건축 통례와 본인의 경험에 의해 당 부분이 하자보수 공사 범위에 포함되는지 여부를 공사의 상황에 따라 명확히 판단하여 적용하여야 한다.

3. 하자보수 공사비 산정 감정 진행 방법

하자보수 공사비 산정의 감정 시 진행 방법과 이때 감정인이 종종 범하게 되는 오류에 대해 알아보자.

1) 자료 수집

① 계약서에 첨부된 설계도면, 내역서 및 공사시방서 등의 수집 및 검토

위에서 언급한 하자의 범위에서 보면, 시공이 잘못되어 건축물이 갖추어야 할 고유의 기능을 발휘하지 못한 누수나 안전상 지장을 초래할 수 있는 균열을 포함한 미시공, 변경시공, 부실시공을 포함한 넓은 의미의 하자를 인정하는 것을 보편적으로 보고 있다.

그럼 미시공과 변경시공을 구분할 때, 무엇을 기준으로 시공되지 않았는지, 시공이 변경되었는지를 판단하는가? 여기서의 기준은 일단 공사도급계약서이며, 계약서에 첨부된 설계서, 즉 설계도면, 내역서, 공사시방서 등이다.

설계도면과 내역서에 대해서 더 이상 언급은 피하고, 공사시방서에 대해 알아보면 설계도면에 표시하기 곤란한 기술적인 사항을 기재하거나 설계도면에 대한 기술적인 설명을 기재한 서면으로, 시공방법의 상세, 시공의 순서, 마감의 정도, 유의사항, 시공에 사용될 재료, 시공용 기계기구, 설비 등에 관하여 기재된, 설계자의 의도를 표시하기 위해 작성하는 설계도면을 보완하기 위한 서류를 말한다.

다시 말해 설계도면에 명시된 것 외에, 계약서에 첨부된 설계도면, 시방서와 내역서를 포함하여 이를 기준으로 변경, 미시공 부분의 하자 여부를 판단하여야 하는

것이다.

그러므로 하자보수 공사비 산정 시에도 필히 계약서 외에 이에 첨부된 자료를 모두 수집하고 철저히 검토할 필요가 있다.

② 설계도면

모든 감정의 가장 중요한 기준은 설계도면이므로 이에 대해 다시 언급할 필요는 없을 것이다. 아울러 하자의 위치 및 종류, 규격 등을 현장 조사 시 설계도면에 명시하여야 감정서 작성 시에나, 감정서에 첨부되는 하자 위치 현황도의 작성에 도움이 됨을 명심하여 설계도면은 필히 수집하여야 한다.

그런데 제시된 설계도면이 계약 설계도면, 공사용 설계도면, 준공 설계도면 등 여러 가지가 있는 경우, 변경 및 미시공 부분의 하자를 확인하여야 하므로, 계약 설계도면을 기준으로 하는 것이 일반적이다. 단, 건축주와 건설사의 설계변경 합의가 있었을 경우는 변경된 설계도면을 기준으로 적용해야 하므로, 현장 상황을 고려하여 적절한 설계도면을 수집하는 것이 필요하다.

③ 제시된 하자 조사 보고서

일정 규모의 건물 하자에 관한 분쟁 시에 건물주는 소송이나 분쟁의 자료로 활용하기 위해 전문기관에 의뢰하여 하자 조사 보고서를 작성한다. 그리고 이를 감정 신청 시 감정인에게 제시하여 하자 조사 보고서에 제시된 하자의 범위에 대해 하자 보수비 산정을 위한 감정을 신청하는 경우가 종종 있다.

감정 신청에 준하여 감정을 하여야 하는 감정인의 입장에서는 제시된 하자의 종류, 규모 및 위치 등을 파악하기 위해 하자 조사 보고서를 참조할 필요가 있기 때문에 필히 이를 확보하는 것이 바람직하다.

그러나 이 보고서는 건축주 입장에서 작성된 보고서이기 때문에 보고서에 나타난 결과를 면밀히 검토하여 현장 조사 시 보고서 결과의 타당성을 꼼꼼하게 살펴야 한다.

2) 현장 조사

모든 감정 중 하자보수 공사비 산정에 관한 감정만큼 현장 조사가 중요한 감정은 없다고 말해도 과언이 아닐 것이다. 다른 감정은 제시된 설계도면과 현장의 건축적 상태 파악만으로 감정이 가능할 수 있으나, 하자는 건물 모든 곳에서 발생하며 나타난 모든 하자에 대해서 하자 원인 규명 및 보수비 산정에 대한 감정을 하여야 하기 때문이다. 아울러 발생한 하자의 원인은 현장에서 확인하는 것이 가장 바람직하다. 필자의 경험에 비추어 '하자 원인의 해답은 현장에 있다' 는 것을 강조하고 싶다.

현장 조사 시 조사 방법은 설계도면에 하자의 위치 및 종류, 규격에 대해 모두 기재해 두어야 감정서 작성 시 무수히 많은 하자에 대한 판단이 가능하다. 그러나 일부 현장에는 설계도면이 존재하지 않는 경우도 있다. 이런 경우 추후 감정서 작성 시를 대비하여 현장 실측을 하고, 그것을 근거로 실측 설계도면을 직접 작성하여서라도 설계도면은 필히 확보하고 현장 조사에 임하기를 권하는 바이다. 또한 현장에서 제시된 설계도면이나 시방서를 통해 변경이나 미시공 부분이 있는지 여부도 면밀히 조사하여야 한다.

3) 감정 진행

하자보수비 산정은 모든 하자를 보수하는 데 소요되는 공사비를 합산하면 되기 때문에 현장 조사를 철저히 하였다면 별 무리가 없이 진행될 것이다.

그러나 하자보수비 산정에 대한 감정은 하자보수비용의 합계뿐만 아니라 그 하자의 규모, 원인 및 하자보수 방법 등을 감정서 내의 감정 사항에 필히 기재하여야 한다.

균열이 발생하였다면, 균열은 어느 곳에, 얼마의 폭 및 길이로 몇 개가 발생하였으며, 이 균열 0.2mm는 총 몇 미터이고 보수 방법은 미세한 균열이므로 표면처리 공법을 적용하여 보수하였다 등으로, 표현 방법은 감정인에 따라 다를 수 있으나, 명확히 기재하여야 한다.

경우에 따라서 감정 사항에 '하자를 보수하는 데 소요되는 공사비를 산정함' 이라고 막연히 표현하는 경우가 있는데, 이럴 경우 이 보수 방법은 공사비 내역서 등에서 확인할 수는 있겠으나, 이는 잘못된 감정으로 감정 사항에 어떤 보수 방법으로 보수하였는지에 대해 명확히 명기하여 감정 사항만으로 보수공사 방법이 확인되도록 하는 것이 바람직하다. 감정서를 보는 이해 당사자의 대부분이 건축전문가가 아니라 건축에 대해 전문지식이 없는 사람이기 때문이다.

특히 변경시공, 미시공에 의한 하자인 경우는 제시된 설계서 중 어느 부분을 기준으로 변경시공 되었는지를 정확히 명기하고, 보수방법은 기존의 부분을 철거하고 재시공하였는지 혹은 일부분이 미시공되어 추가 설치하였는지 여부를 명백히 명기하여야 한다.

이는 그 하자의 발생원인 제공자가 누구인지, 또한 적정한 보수공사를 하여 무리한 하자보수비를 책정하지는 않았는지, 하자의 범위는 정확히 파악하였는지 여부 등을 이해 당사자 및 재판부에서 판단할 수 있는 근거가 되기 때문이다.

예를 들어, 만일 설계도면에 바닥 마감이 온돌마루로 명기되어 있는데 실제 시공은 럭스트롱으로 되어 있는 경우, 필자는 감정 사항에 다음과 같은 〈표 1〉을 만들어 첨부한다. 표의 작성은 개인마다 다를 수 있으니 형식만 참조하기 바란다.

〈표 1〉예시 ①

1-1	바닥 마감재 변경 시공
현 황	설계도면 A-01 실내재료마감표에는 바닥마감이 온돌마루로 명기되어 있으나, 현재는 럭스트롱으로 변경시공되어 있음.
	설계도면 해당 부분을 첨부하면 더욱 바람직하며, 하자부분의 현황 사진 은 필히 첨부할 것
검토 의견	설계도면 상 재료와 상이하게 시공되어 있으며, 온돌마루는 럭스트롱보다 고가 및 고급의 재료인데, 이를 저급한 재료로 변경시공한 것은 시공상 하자라 판단되므로, 현재 설치된 럭스트롱을 철거하고 설계도면에 명시된 온돌마루를 재설치하는데 소요되는 보수공사비를 산정함.
비 고	

그런데 만일 건축주가 하자라고 주장하는 사항이 감정인이 검토해 볼 때 하자가 아니라고 판단이 된다면, 이 항목에 대하여 하자가 아니라는 검토 의견을 명확히 제시하고, 이 항목에 대한 보수 공사비는 제하여야 한다. 특히 이런 부분은 추후 건축주 측과 논란을 빚을 수 있으니 하자가 아니라는 이유를 명확히 제시하는 것이 좋다.

한편 건축주 측에서 항목을 제시하지 않은 상태에서 감정인이 볼 때 하자라고 판단하는 부분을 조사하여 이 하자보수에 대한 감정을 하는 경우가 있는데, 이럴 경우 건설사 측에서 반론을 제기할 수 있으므로 이 항목의 검토 의견도 명확히 제시하여야 한다.

위의 예와 반대되는 경우도 가정해 볼 수 있다. 예를 들어, 설계도면에 바닥 마감을 럭스트롱으로 명기하였는데 실제 시공은 온돌마루로 되어 있는 경우 건축주 측에서 변경시공이라고 주장하기도 한다. 이때에도 필자는 다음과 같은 〈표 2〉를 작성하여 첨부한다.

〈표 2〉예시 ②

1-2	바닥 마감재 변경 시공
현 황	설계도면 A-01 실내재료마감표에는 바닥마감이 럭스트롱으로 명기되어 있으나, 현재는 온돌마루로 변경 시공되어 있음.
	하자부분의 현황 사진
검토 의견	설계도면의 재료와 상이하게 시공되어 있다하더라도 온돌마루는 럭스트롱보다 고가 및 고급의 재료이고, 현재 보편적으로 많이 사용되는 재료이므로, 고급의 재료로 변경한 것을 변경시공 하자로 보기에는 무리가 있어 본 보수공사비 산정에서는 제외함.
비 고	

하자보수 공사비 산정의 공사비 산정 시점은 현재 보수를 한다는 가정 하에 현장 조사 시점을 기준으로 하나, 경우에 따라서는 분쟁 발생 시점으로 하기도 한다. 일단 원칙은 도급계약 시점 등 그 부분을 시공하기 시작한 시점은 아니라는 것이다. 이는 하자란 사용자가 불편을 느껴야 하자가 성립된다는 취지로, 그 부분이 완공되지 않은 상황에서 하자가 발생할 수는 없기 때문이다.

일반적으로 감정을 하기 위한 현장 조사 시점을 기준으로 하지만, 재판부에서 별도의 시점을 요구하는 경우도 종종 있으므로 항상 확인하여 적용하여야 한다.

4) 하자보수 공사비 산정 감정 시 주의 사항

① 이해 당사자의 공사에 의한 하자인지 여부를 필히 확인하여야 한다.

건물 내 하자가 발생하였을 때, 건설사의 시공 상의 하자인 경우도 있지만 사용자의 부주의한 사용으로 발생하게 되는 하자도 종종 있다.

실제로 아파트 하자 현장 조사 시 동일 형태의 세대에서는 결로 현상이 발생하지 않았는데 외벽 세대도 아닌 가운데 위치한 세대에서 결로가 심하게 발생한 경우가 있었다. 건축의 일반 통례로는 이해가 안 되어 그 세대를 방문하여 보니 그 세대는 아기를 키우고 있었으며 그런 사정으로 동절기에 거의 환기를 하지 않고 생활하는 것으로 확인되었다. 이 경우 아기를 키우는 세대에서 동절기에 환기하는 것이 매우 어렵다는 것은 이해가 되지만 주위 세대에서 발생하지 않은 당 세대의 결로에 대해 시공상의 하자로 보기에는 무리가 있어 이 하자에 대해 이를 사용자 사용 부주의에 의한 하자로 보아, 하자보수 공사비 산정에서 제외하였다.

위 경우와 같이 일반적인 건축 통례에 의해 감정인이 판단할 수 있는 경우도 있지만. 확인이 불가능한 경우, 건물주는 이 부분의 하자는 본인의 과실임을 명확히 밝혀주어야 하는데, 가끔은 이 부분의 과실 책임을 밝히지 않음으로 하여 감정인을 혼돈하게 하는 경우가 발생하게 된다.

예를 들어, 주방 상수도 배관에 누수가 발생한 하자였는데, 건축주는 시공 상 배관 누수에 의한 하자라 주장하였다. 현장을 살펴본 감정인이 주방 배관 재료가 다른 상수도용 배관 재료와 상이한 것이 이상하여 재차 확인해 보니 건축주 측에서 추가로 설치한 상수도 배관의 누수임이 확인되었다.

당시 상황은 건축주 측에서 고의가 아닌 착각임이 확인되어 쉽게 수습되었지만, 만일 감정인이 이를 시공 상의 하자로 보아 감정하였다면 추후 건설사 측에서 감정을 수정해 달라는 요구가 있었을 것이다.

또한 공실(空室) 상가 내부의 바닥재가 심하게 훼손된 하자의 경우였는데, 현장에서 본 바닥재를 확인해 보니 상가에 사용되는 일반적인 바닥 제품이었다. 공실 전 상가 사용인의 업종에 대해 건물주에게 물어보니 가내수공업체가 사용하였다고 하였다. 이에 가내수공업체의 업종을 확인해 보니 상가의 일반적 바닥재를 충분히 훼손할 수 있는 업체로 판단되어 본 하자에 대해서 보수 공사비 산정은 제외한 바가 있다. 이처럼 감정인은 현장에서 일반적인 건축 통례를 벗어난 것 같은 상황은 항상 확인하여야 한다.

두 번째는 당 하자 부분이 이해 당사자인 건설사가 시공한 부분이 아닌 경우이다. 예를 들어 제3의 건설사가 시공 중 공사가 중단되었고, 그 이후의 공사를 이해 당사자인 건설사가 공사를 한 경우에 하자가 발생하였다면, 현장을 처음 접하는 감정인은 이 상황을 모르고 모든 하자를 조사하고 감정을 진행할 것이며, 이해 당사자인 건설사는 당 건설사의 귀책이 아닌 하자에 대해 이의를 제기할 것이다.

이러한 경우 현장 조사 전에 최초 건설사의 시공 범위와 이해 당사자인 건설사의 시공 범위를 정확히 확정하여야 하는데, 감정인으로서는 파악이 불가능한 경우가 대부분이다. 이때는 이해 당사자 양측에서 이러한 상황을 적극적으로 설명하거나, 관련 자료를 제시할 의무가 있으며, 감정인도 현장 조사 시 양측의 의견을 적극적으로 청취하여 건설사의 시공 범위를 정확히 구분하여 하자의 범위를 확정하여야 한다.

위와 같은 분쟁 시 감정인이 모든 하자에 대해 보수 공사비를 산정하였다면, 공사 범위가 한정적이라고 주장하지 않은 건설사의 의무 불이행이 중대한 문제이지만, 감정인도 현장 파악을 잘못한 것에 대해 자유로울 수 없다는 점을 명심하기 바란다.

② 하자보수 공사비가 과다하게 산정되지 않도록 하여야 한다.

하자보수비 산정은 오시공, 미시공 및 변경시공 등을 보수하는 데 소요되는 공사비를 산정하는 것이다. 그러나 하자의 형태에 비해 지나치게 많은 보수공사 금액이 소요되는 경우가 있을 수 있다. 물론 하자보수비 산정에 대한 감정의 원칙을 기준으로 본다면 보수 공사비의 많고 적음이 감정에 영향을 미칠 수는 없다. 하지만 당 하자를 보수하는 데 소요되는 공사비가 사회적 통념상 경제적 가치를 지나치게 벗어나 과다하게 산정될 수도 있다.

만일 신축된 건물의 크기가 시공오차 범위를 벗어난 20cm 적게 시공되었다고 가정해 보자. 이 오시공의 하자를 보수하기 위해서는 건물 한쪽 벽의 일정 구간 내 모든 구조물(기초, 기둥, 벽 등)과 해당 부분의 모든 마감을 철거한 후, 당 부분을 철저히 보강하고, 20cm를 확장하여 재설치하여야 하나, 이럴 경우 아마 상당한 보수 공사비가 산정될 것이다. 그럼에도 이를 포함하여 보수 공사비를 산정한다면 이 보수 공사비 감정을 적절한 감정이라고 볼 수 있을까?

본 건물이 일반적 건축 통례를 기준으로 20cm 적게 시공되었더라도 사용에 거의 불편이 없다고 가정할 때, 이는 적절한 감정으로 보기 어렵다. 오히려 이를 보수하는 비용보다는 건물이 적어짐으로 발생하는 손해액을 지불하는 것이 사회적 통념상 경제적 가치를 기준으로 보면 더 가치가 있다고 볼 수 있기 때문이다.

이럴 경우 일반적으로는 줄어든 건물 면적에 관한 손해액은 감정평가사의 줄어든 만큼의 건물 가치 손실에 대한 감정평가 금액과 건물이 줄어듦으로 인하여 투입되지 않은 공사비를 합산하여 산정하는 경우가 적절한 감정일 수도 있다. 물론 모든 사안에서 적용할 수는 없으므로 각 현장의 상황을 고려하여 적용하는 것이 바람직할 것이다.

그러나 이 건물이 줄어듦으로 인하여 사용자가 객관적으로 불편을 느끼는 경우라면 당 부분의 하자보수에 대해서 고려하여야 할 것으로 보인다.

실례로 필자는 건물 지하 물탱크실에 설치된 FRP 물탱크가 벽체로부터 30cm밖에 이격되지 않아 보수가 어렵다는 하자를 접한 적이 있다. 설계도면에는 벽체로부터의 이격거리가 50cm로 명기되어 있으며, 당 FRP 물탱크는 조립 판넬식 물탱크로 용량과 크기가 설계도면과 일치하였으므로, 필자가 지하 물탱크실의 크기를 실측해 보니 지하 물탱크실의 구조체 크기가 설계도면보다 적게 시공되어 있는 것으로 확인되었다. 분명 오시공이므로 이미 주변에 모든 시설이 완료된 상태라도 모든 시설 철거, 타파기, 지하 옹벽 및 일부 슬래브 철거 후 지하 구조물 재타설과 마감을 재시공하는 등에 필요한 상당한 보수 공사비를 산정하여야 원칙이었을 것이다.

이 민사소송은 건설사에서 추가 공사비를 요구하므로, 건물주 측에서 이에 대해 하자보수 공사비를 제하고자 요구한 사건으로, 만일 필자가 지하실 일부 철거로 감정을 하였다면 하자보수 공사비가 매우 과하게 산정되어 이 민사소송의 진행은 매우 복잡하였을 것이다.

그러나 재판부에서 이 부분은 실제 보수비가 아닌 가능하면 '교환가치의 차액' 산정을 요구하였으므로 필자도 물탱크실의 면적이 축소되었음으로 이에 대해서는 별도의 산정을 요한다는 의견과 FRP 물탱크를 철거 후 벽체로부터 50cm이상 확보한 상태로 재조립하여 설치하는 보수 방법을 감정 사항에 명시하고 보수 공사비 산정을 한 경우가 있다.

그런데 위에서 '교환가치' 라는 말이 언급되었는데, '교환가치의 차액' 이란 A라는 물건이 B라는 물건으로 교환되었을 경우 가치의 차이가 있는가? 하는 것으로 이 용어에 대한 정확한 해설은 필자의 전문영역이 아니므로 본 책에서는 더 이상 언급하지 않겠으나, 건축물 감정인 경우는 '교환가치의 차액' 이라는 표현보다는 '공사비 차액' 으로 표현하는 것이 적절하다고 본다. 그러나 현재 '교환가치의 차액' 이라는 표현으로 통용되고 있다.

실례로 1층 테라스 바닥재가 설계도면에는 방부목 바닥재로 명기되어 있는데, 현장에는 화강석으로 마감되어 있는 변경공사에 대한 하자를 감정한 경우가 있었다.

필자는 1층 테라스 바닥재가 화강석이더라도 사용에 커다란 지장은 없을 것으로 판단하였다. 만일 화강석을 모두 철거하고 방부목 바닥재를 재설치하는 보수 공사비를 산정하였다면 매우 상당하였을 것이므로, 사회적 통념 상 무리가 있다고 보아 방부목 시공비용에서 화강석 시공비용을 제하여 공사비 차액에 의한 보수 공사비를 산정하였으며, 이를 감정 사항에 상기의 내용과 공사비 차액을 산정하였다는 의견을 정확히 명기하여 감정을 하였던 경험이 있다.

그럼 공사비 차액과 보수 공사비의 적용은 어떤 경우에 하여야 할까? 하는 의문이 들 수 있는데, 이에 대한 적용은 감정인의 풍부한 경험을 바탕으로 각 하자 항목마다 적절히 판단, 적용하여야 하나 사회적인 통념상의 경제적 가치를 기준으로 적용하면 무난할 것으로 생각된다.

그러나 필자는 기초판의 두께가 부족인 변경시공 하자를 경미한 하자로 보아 '교환가치 차액' 즉, 기초판의 부족한 두께 만큼 철근 및 콘크리트가 절감된 공사비를 보수 공사비로 산정한 감정서를 접한 경험이 있는데, 기초판의 두께 부족은 건물의 구조체에 치명적인 영향을 줄 수도 있는 중대한 하자가 명백하다.

그러한 하자를 경미한 변경공사 하자로 본 당시 감정인의 건축 경험 및 지식에 대해 매우 의문이 들었던 적이 있다. 진정으로 감정이란 이해 당사자에게는 너무나 중요한 절차임을 고려할 때, 필자를 포함한 감정인 전체가 항상 연구하고, 신중히 검토하여 감정하여야 한다는 생각이 든 경험이었다.

또한 하자보수 시공 방법의 선택에서 지나치게 완벽한 시공법을 선택하여 하자의 상태보다는 매우 과다하게 보수 공사비가 산정되지 않도록 하여야 한다.

물론 하자는 완벽히 보수하여야겠지만, 위에서 예를 든 바와 같이 건물의 상태 및 하자의 정도에 적절하고 현실적이며, 경제적 통념을 벗어나지 않는 범위의 하자보수 공법을 선택하여야 분쟁에 대한 객관적 기준의 제시가 가능하리라 보기 때문이다.

③ 제시된 하자조사 보고서는 어느 정도 참조하여야 하는가?

일정 규모 이상의 건물 하자에 관한 분쟁 시, 건축주는 소송이나, 분쟁의 자료로 활용하기 위해 전문기관에 의뢰하여 하자 조사 보고서를 작성하며, 보고서에 제시된 하자의 범위, 보수 방법 및 공사비 등에 대해 감정 시 참고 자료로 제시하는 경우가 있다.

무수히 많고 광범위한 하자를 처음 접하는 현장에서 시간적인 제약이 있는 감정인이 모든 하자를 파악하기에 무리가 있으므로, 이 제시된 보고서는 현장 조사 시 충분히 참조자료로 활용할 가치가 있다. 그렇기에 필자는 일정 규모 이상인 건물의 하자 관련 분쟁의 경우 이 보고서의 존재 여부를 항상 확인하는 편이다.

그런데 이 보고서는 건축주 측에서 일방적으로 작성되어지므로, 객관적인 자료이기보다는 건축주 측 입장에서 작성되는 경우가 빈번하다.

일반적으로 하자의 범위를 확대 적용하고, 보수 공사비 산정은 지극히 원칙적이며, 인력 품의 할증은 가능한 범위에서 확대하고, 변경공사는 변경 상황의 고려 없이 설계도면이나 시방서에 명시된 것보다 개량을 하였더라도 거의 대부분 반영하는 등 보수 공사비를 증가시키는 경우가 대부분이다. 만일 필자가 그 보고서를 작성하였더라도 일정 부분은 현실적으로 공감이 가는 상황이므로 다분히 이해는 가는 바이다.

그러나 일부에서는 도에 지나친 하자 조사 보고서가 작성되는 경우가 있다는 이야기를 접하기도 한다. 이는 건물주 측에 지나친 기대를 갖게 하므로, 추후 분쟁을 더욱 촉발할 수 있는 요인이 될 수 있다.

일부 주관적인 관점은 이해가 되지만 지나친 주관적 입장은 분쟁 해결을 어렵게 한다. 따라서 공신력 있는 감정이 아닌 단순한 보고서라 하더라도 만일 보고서의 작성자가 건설기술자라면 기술자의 양심을 바탕으로 주관적 관점의 방향을 조금이나마 객관적 관점으로 돌리기를 바란다.

실제로 필자의 지인이 법원 감정인으로 지정되었을 때, 도에 지나친 보고서를 접한 적이 있었다. 지인의 하자보수 감정 결과는 약 10억 원 정도로 산정되었으나, 제시된 보고서의 결과는 100억 원으로 산정되어 약 10배의 차이가 난다고 필자에게 상의한 적이 있었다.

그 지인과 함께 지인의 감정서를 검토해 보니 매우 객관적이었으며, 각 하자의 보수공법도 적절하게 적용된 것으로 판단되어 그 지인에게 감정서는 적절하다고 하여 법원에 제출한 경우가 있었는데, 추후 건축주 측과 보고서 작성자와 별도의 분쟁이 있었다는 이야기를 접하였다. 이런 사례가 있음을 감정인뿐만 아니라 하자 관련 분쟁을 준비 중인 건축주 측에서도 참고하여 도에 지나친 보고서의 결과에 대해 지나친 기대보다는 냉정히 판단하기를 권하는 바이다. 분쟁을 해결하는 기준을 제시하여야 하는 감정인 입장에서도 위와 같은 상황을 충분히 고려하여 참고하기를 바란다. 감정인은 이 보고서에서는 하자의 종류, 위치 및 건축주측에서 주장하는 하자의 성격 등의 파악만 참조하기를 권하는 바이다.

④ 설계도면과 시방서가 상이한 경우는 어떻게 적용하여야 하는가?

일반적으로 설계도면은 각 현장마다 별도로 작성하지만, 공사시방서인 경우는 각 현장 마다 별도로 작성하지 않고 이미 작성된 시방서를 첨부하는 경우가 종종 있다.

간혹 설계도면과 공사시방서에 상이하게 명기될 때가 있는데, 이런 경우에는 감정인이 위 설계도면과 공사시방서의 작성 과정을 충분히 이해하여 적용 여부를 확정하여야 한다. 필자는 시공 중 현장에서 공사시방서보다는 설계도면을 우선시한다는 것을 경험하였기 때문에 설계도면을 우선으로 적용한다.

실제로 설계도면에는 천정재가 석고보드 1겹으로 명시되어 있으나, 공사시방서에는 2겹으로 명시되어 있고 현황은 1겹으로 시공된 하자 감정을 진행한 적이 있는데, 건축주 측은 시방서와 상이하므로 이 부분이 하자라 주장하였으나, 설계도면을 우선으로 하는 통례를 적용하여 하자보수 공사비 산정에서 제외하고, 이를 감정 사항에 명기한 경험이 있다.

그러나 특기시방서가 별도로 작성된 경우는 그 특기시방서의 내용을 설계도면보다 우선으로 하여야 할 것이다.

⑤ 하자 부분 표현 방법은 어떻게 하여야 하나?

각 하자 부분의 위치 및 규모 등을 표현하는 방법은 하자 현황도를 작성하는 것이 매우 바람직하다.

필자가 사용하였던 하자 현황도를 실례로 첨부하니 참고하여 적절히 적용하기 바란다.

■ 1층 하자 현황도 (실례)	
현황도	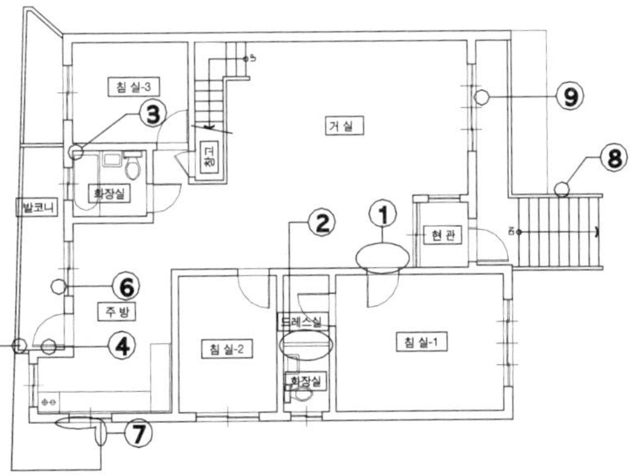
번호	하 자 내 용
1	문틀 하부 바닥 이격
2	문짝 개폐 불량
3	타일 들뜸(4장)
4	발코니 벽돌 벽 균열 (0.5mm 0.6m)
5	발코니 벽돌 벽 균열 (0.3mm 1.2m)
6	발코니 내벽 벽돌벽 균열(0.3mm 0.9m, 0.3mm 0.3m 3개소)
7	콘크리트 캐노피 슬래브 이격 및 파손
8	화강석 계단판 이격 및 계단 콘크리트 균열(0.3mm 1m)

그러나 아파트 등 대규모 건물의 경우 몇 천개가 넘는 모든 하자에 대한 현황도를 작성하는 것이 현실적으로 무의미하며, 거의 불가능한 경우가 있다. 이럴 경우는 적절한 도표 등을 활용하여 현황 상황을 표현하여야 객관적인 판단 기준이 될 수 있다.

그러나 하자가 몇 천 개가 넘는 건물에서 위와 같이 하자 하나하나에 대한 현황도가 작성되지 않아 객관성이 확보되지 않았다고 주장하는 경우가 있는데, 현실성을 고려하여 감정인이 적절히 판단하여 대처 및 적용할 필요가 있다.

⑥ 하자보수 부분의 마감은 해당 단위 구획을 기준으로 산정한다.

하자보수 후 마감공사로 마무리하여야 하는데 하자 부분만 마감을 보수할 경우는 보수하지 않은 기존의 마감과 균질하지 못하게 되므로 소규모 보수인 경우는 마감의 균질성을 확보하기 위해 해당 단위 구획 전체를 마감하는 것이 바람직하다. 그러나 대규모 보수공사인 경우는 이 마감공사가 보수공사보다 과다하게 산정되므로 이는 소형 하자보수인 경우에 적용하는 것이 바람직하다.

예를 들어 소형주택의 균열에 대한 하자보수 감정인 경우, 침실 내부에 균열이 발생하였다면 균열 보수 후 벽지 마감은 원칙적으로 기존 벽지를 철거하고 새로 벽지마감을 하는 데 소요되는 마감 공사비를 산정하는 것이다. 만일 침실 전체의 벽지마감 공사비가 과다한 경우라면 하자가 발생한 최소한 벽 한 면의 벽지마감이라도 교체하는 공사비를 산정하여야 한다.

상기의 과다한 보수 공사비 산정 항목과 연결하여 고려하되, 보수 범위에 관한 적절한 판단은 일반적인 건축적 통례를 기준으로 각 감정마다 적절히 판단하여 적용하여야 할 것이다.

⑦ 건축물 안전진단이 선행되지 않은 경우 하자보수공사의 범위 및 방법은 무엇

인가?

하자 발생 부분이 건물 구조물에 영향을 미치는 부분인 경우 이를 보수하기 위해서는 구조안전진단이 선행되어야 보수 공사비를 산정할 수 있을 것이다.

그러나 일반적으로는 구조안전진단이 선행되지 않은 상태에서 감정을 진행하여야 하는 경우가 있다.

예를 들어 1층 PILOT형 주자장에서 천정의 보가 돌출되어 주차장 기준 높이인 2.3m보다 부족한 경우 건축주 측에서는 2.3m를 확보하기 위해 돌출보를 일부 철거하여 2.3m를 확보하기를 원할 것이다. 이때 구조전문가가 아닌 건축 감정인이 임의로 보의 일부를 철거하고 마감하는 데 소요되는 보수비를 산정하였다면 안전에 대한 고려 없이 무책임하게 보수 공사비를 산정하였다는 논란이 발생할 것이다.

이때 가장 바람직한 방법은 시간과 별도의 비용이 허락된다면 구조안전진단 실시 후 이 결과를 기준으로 감정하는 것이나, 현실적으로 별도의 비용 지급이 어려운 상황이라면 구조 전문가의 간단한 자문이나 일반적인 건축 통례를 적용하여 감정인의 경험을 바탕으로 보수 및 보강하는 공사비를 산정하는 것이 바람직하다. 그리고 필히 이러한 내용을 감정 사항이나 공사비 산정 의견에 명기하여야 추후 논란이 발생할 경우 구조안전진단을 요구할 수 있다.

만일 구조 전문가의 자문이나 일반적인 건축 통례의 적용이 불가능할 만큼 구조안전에 우려가 되는 부분이라면 구조 전문가가 아닌 건축 감정인은 이에 대한 감정은 불가능하다는 의견을 필히 감정서에 명기하고, 이 보수 공사비 산정은 제외하여야 한다.

이상의 감정 방법은 구조에 관한 사항뿐만 아니라 건축 감정인이 전문이 아닌 부분에 모두 적용될 수 있으니 참조하기 바란다.

그러나 건물에 나타난 하자가 구조체에 영향을 주는 경우 공사비를 감정하는 감정인이 대부분의 구조체 하자에 대해 구조안전진단을 요한다는 무책임한 결과를 제시하는 경우를 가끔 접하게 되는데, 공사비를 감정하는 감정인인 경우 구조안전진단에 의한 보수 공사비 산정이 해당 감정인의 영역이 아니더라도 최대한 보수 공사비의 산정에 대해 건축 경험을 바탕으로 산정하도록 노력하여야 한다. 또한 구조기술사의 간단한 자문을 통해서라도 구조에 대한 보강보수 공사비를 최대한 산정하도록 최선을 다해 노력하여야 한다. 진정으로 보강보수 공사비 산정이 불가피하거나 사안이 매우 첨예한 경우에만 구조안전진단을 요구하여야 한다.

이 경우라도 감정 사항에 '구조안전진단의 결과가 제시되는 경우 재감정을 요한다' 는 등 구체적인 내용을 명기하여야지, '구조안전진단 실시를 권유하는 바이다' 등과 같이 애매하게 명기하지 않아야 한다.

다시 말해 대부분의 구조 하자에 대해 구조안전진단으로 회피한다면 해당 감정인에게 감정을 맡길 이유가 없으며, 그 감정에 대해서는 처음부터 구조 전문가에게 감정을 의뢰하기를 권유하여야 그 분쟁의 해결을 위한 시간적, 경제적 손실을 최소화할 수 있다. 이렇게 하는 것이 건축 전문가인 건축물 감정인의 올바른 자세일 것이다.

4. 하자보수 공사비 적용 방법

건축물에 나타난 다양한 하자에 대해 하자의 적용 여부 및 하자보수비 산정 방법을 모두 열거하는 것은 불가능하며, 무의미하므로 필자의 경험 상 논란이 많이 된 하자의 종류 및 그 적용 방법에 대해 몇 가지만 논해 보고자 한다.

최근 서울중앙지방법원에서 논란이 되고 있는 하자 및 감정 관련 사항에 대해 '건설감정세미나' 를 개최하고 있다는 소식을 접하였는데(2011. 9. 27. 개최), 이 사항에 대한 기준이 마련되어가는 초석이 아닌가 생각되며, 더욱 적극적인 홍보와 연구를 통해 논란이 되고 있는 부분의 기준이 하루빨리 명확하게 정립되기를 바란다.

1) 콘크리트 균열 하자보수 공사비 적용 방법

■ 단순한 콘크리트 균열인 경우

앞서 살펴본 바와 같이 하자의 종류는 포괄적인 의미인 만큼 매우 다양하다. 물론 대부분 건축 전문가인 건축 감정인의 다양한 경험을 바탕으로 현장에서 충분히 하자에 관해 판단이 가능하나, 콘크리트 구조체에 나타난 균열에 대해서는 설계나 시공의 경험만으로 균열하자보수 공사비 산정이 어렵다. 실제로 감정인들이 이로 인해 어려움을 많이 겪고 있고, 이해 당사자 양측으로부터 논란이 많은 하자이므로, 여기에서는 콘크리트 균열하자에 대해서 논해보고자 한다.

필자의 경험으로 일반적인 하자보수비 산정 감정에서 콘크리트 균열 하자보수 공사비는 여타의 하자보수 공사비보다 큰 비중을 차지하지 않는다고 보는데, 이상하게 균열하자에 대해서는 매우 논란도 많고 예민하게 보는 경향이 있는 것 같다. 아마 콘크리트 균열은 건물의 안전성에 관한 사안이며, 부실공사의 척도라고 판단하여 그러하리라 추측해 보지만 논란이 많은 사안이므로 이 콘크리트 균열에 대해 이해를 돕고자 참고가 될 만한 규정들에 대해 간략히 알아보자.

① 건설교통부 발간 '공동주택의 하자평가 및 운영체계 연구' 에서도 0.3mm 이하의 균열은 시공업체의 면책사항이라고 규정하고 있음.

② 건설교통부 제정 콘크리트 구조물의 균열, 누수 보수/보강 전문 시방서에서, 외관상으로도 균열 폭 0.25mm까지 허용하고 있고, 허용 균열 폭보다 적은 경우에는 보수할 필요가 없다고 규정하고 있음.

③ 대전지방법원 '2004가합 8825사건' 에서 한국시설안전기술공단의 허용 균열 폭 범위에 대한 사실조회 회신에서 아파트의 외벽의 경우 0.3mm까지는 보수가 필요하지 않다고 회신하고 있음.

④ 대법원 판례에서는 감정인이 주입식 보수공법으로 산출한 하자보수비는 지나치게 과다하여, 표면처리 공법으로도 소기의 목적을 달성할 수 있는 점을

감안하여 감정인이 산출한 균열 보수비를 1/3로 제한하는 것이 타당하다고 판시하였음.

이 외에도 다수의 내용이 있으나, 본 책의 취지를 고려하여 참고가 될 만한 몇 가지만 정리하였으니 자세한 규정은 관련 서적을 참조하기 바란다.

위에서 보듯이 콘크리트 균열 하자는 균열 폭을 0.25mm~0.3mm 이상인 경우로 규정하고 있으며, 그 이하 균열은 시공자의 면책사항으로 규정하고 있을 만큼 미세한 콘크리트 균열은 현재 기술력의 한계로 인정하고 있는 사항이다.

이는 0.3mm 이상의 균열인 경우 균열 틈으로 산소와 접촉하여 콘크리트의 중성화(Carbonation)가 이루어지거나, 콘크리트 내부의 철근이 부식되어질 수 있는 한계로 보는 것이 일반적인 원리로 각 기준을 근거로, 현재 콘크리트 균열 폭이 0.3mm 이상인 균열에 대해서는 균열 하자로 본다. 이에 대한 보수 방법으로 콘크리트의 균열로부터 누수, 철근의 부식 및 중성화의 방지 등을 목적으로 하는 수지주입공법(건식)을 적용하여 콘크리트의 방수성, 내구성 또는 부재의 강성을 회복시킬 수 있는 콘크리트 균열을 보수하는 공법을 적용한다.

그러면 0.3mm 이하의 균열은 하자보수를 하지 않아도 되는가? 사실 콘크리트의 균열은 건물 구조체의 안전성에도 문제가 있지만, 미관상 건물 사용자가 불편함을 느끼기에 충분한 하자이므로 미세한 균열에 대해서도 일정부분은 하자로 보아야 한다는 것이 필자의 견해이다.

많은 논란은 있지만 필자는 일반적으로 0.2mm 이상~0.3mm 미만의 균열인 경우는 하자보수공사를 하는 것으로 본다. 0.2mm 이상~0.3mm 미만의 균열인 경우 하자보수 방법은 직접 균열의 표면을 피복하여 방수성, 내구성을 지니도록 하는 퍼티용 수지를 흙손으로 메우는 표면처리 공법을 적용하는 데 본 공법은 진행되는 균열에 대해서는 대처할 수 없는 단점이 있으나, 비교적 미세한 균열의 보수에는 적절한 보수 방법이므로, 이 공법을 적용한다.

그러나 위 0.3mm 이상의 균열에 적용하는 수지주입 공법과 0.2mm 이상~0.3mm 미만의 균열에 적용하는 표면처리 공법은 각 공법의 단가(m당 단가)가 2~3배 차이가 나는데, 0.3mm 정도의 균열은 표면처리 공법을 적용하여 하자보수를 하는 경우도 매우 많은 현실인 점을 감안할 시 균열의 폭이 0.5mm 정도로 확연히 나타나는 경우는 수지주입 공법의 적용을 확신할 수 있으나, 과연 위와 같은 적용이 바람직할까? 하는 의구심은 항상 드는 바이다. 이런 점에서 균열 하자에 대해 이해 당사자들 간의 논란은 계속되며, 감정인들도 이 논란 속에서 혼돈과 곤란을 겪게 된다.

일부 법원 감정의 경우 감정 신청 시 0.3mm 정도의 균열보수인 경우는 표면처리 공법을 적용하라고 감정 신청을 하는 경우가 가끔 있는데, 이럴 경우 감정인은 이 감정 신청에 따라 감정하면 되므로 논란에서 벗어날 수 있을 것이다.

그러나 일반적인 경우 필자는 원칙에 준하여 0.3mm 이상 하자에 대한 보수공법은 수지주입 공법으로, 0.2mm 이상~0.3mm 미만의 균열은 미관상 하자로 보아 표면처리 공법으로 적용한다. 분쟁을 조정하는 기준을 마련하여야 하는 감정인의 입장에서는 비록 현실적으로 공법 적용에 차이가 있다하더라도 원칙과 객관성을 우선으로 해야 하기 때문이다.

그럼 현재 진행되는 하자 감정 시 필자의 경험으로 이 균열 하자에 논란이 되어 건축 감정인을 곤란에 빠뜨리고, 이에 따라 객관적인 감정에 방해가 될 수 있는 몇 가지 경우를 살펴보자.

① 0.3mm 정도의 균열 보수도 표면처리 공법으로 보수하는 경우가 있는데, 왜 보수공법을 수지주입 공법으로 감정인들은 적용하는가? 이에 대하여는 위에서 논한 바와 같으나, 이에 대한 객관적인 기준을 재정립하여 분쟁 사건마다의 논란이 일어나지 않도록 관련기관 등에서 정리해 주어야 할 것 같다.

② 균열 폭의 단위는 0.1mm 단위에서 보수공법이 차이가 나는데, 이에 대한 정

확한 판단을 어떻게 할 것인가? 하는 것인데, 현장에서 균열을 조사할 시 0.1mm 단위의 판단은 균열 계측자를 사용하더라도 매우 부정확하며, 균열 폭 계측기계를 사용한다면 일정 구간의 균열 폭만이 확인된다. 계측기계를 사용하여 확인해 보면, 균열은 균열의 시작 부분과 균열 중간 부분 등 각 지점의 균열 폭이 일정하지 않기 때문에 0.1mm 단위의 균열 폭 판단이 매우 어렵다. 그럼 균열 시작 부분은 0.2mm 이므로 표면처리 공법으로 하고, 중간은 0.3mm 이상이므로 수지주입 공법으로 하는 등 하나의 균열에서도 균열 폭이 다른 부분은 각각 달리하여 보수공사를 하여야 하는가? 그렇다 하더라고 이 또한 이론적인 발상일 뿐이지 현실적으로는 매우 무리한 발상이다.

어느 판사가 현장 조사 시 원고와 피고에게 "건축 감정인은 신이 아니라 사람입니다. 감정인에게 100% 완벽을 요구하는 것은 무리입니다. 그러나 우리에게 객관적인 기준을 만들어줄 수는 있습니다"라고 말하던 것이 생각나는 사항으로, 각각의 균열 폭이 0.2mm인지, 0.3mm인지 판단에 대해서는 0.1mm 단위의 판단을 요구하는 것이다.

현장 조사를 해 보면 균열이 외부에 오래 방치된 경우는 오염이 되어 있어 0.1mm 오차의 정확한 균열 폭에 대해 판단이 어려우며, 실제 체감의 균열 폭은 일반적으로 크게 보이는 성향이 있음을 감정인들도 명심하여 건축 감정인의 냉정한 자세와 풍부한 경험을 바탕으로 현장 조사를 한다는 전제로, 이제는 이 논란은 종식되기를 바랄 뿐이다.

③ 현장 조사는 정확하여야 하지만, 높은 곳 등 확인이 어려운 곳에 발생한 균열에 대한 정확한 조사 여부는 현실적으로 어떻게 하여야 하나? 만일 고층 아파트의 고층 외벽 부분에 발생한 균열에 대한 정확한 균열 폭의 조사 시, 감정인은 고층으로 이동이 가능한 사다리차 등을 이용하고, 거의 몇 천여 개가 넘는 균열을 균열계측기 등을 통해 정확히 조사하는 것이 가능할까?

결론부터 이야기하면 시간적, 경제적인 이유로 불가능하다. 필자는 이를 이행하지 않아 정확한 감정이 아니라는 주장을 받아본 적이 있는데, 정말 가능한 수수료와 시간을 보장하지 않지 않고, 억지를 부리는 무리한 주장이라 생각이 들었다. 물론 정확한 현장 조사가 필요한 하자 감정인 점은 이해가 되지만, 감정 수수료와는 별도로 사다리차 등의 경비를 지불하라는 조건과 감정 기간을 수개월 이상 제시하였다면 과연 이 감정이 현실적으로 성립이 되었을까? 그리고 이 소송이 완료될 수 있었을까? 하는 의구심이 든다.

균열 조사 시 가능하면 높은 곳은 이동 비계 등을 사용하고 고층 아파트의 외벽 조사는 조사가 가능한 근접지, 옆 건물 동일층, 옥상층에서 망원경 등의 가능한 모든 방법을 동원하여 최선을 다해 조사하는 것이 현실적인 최선의 방법이다. 이에 대해서도 현실 가능한 방법을 제시하여 더 이상 논란이 없기를 바랄 뿐이다.

④ 구조체에 발생한 균열이 단순히 콘크리트의 특성에 의한 균열이 아니라 다른 부분의 영향으로 발생하였다면 그 보수 방법도 위의 세 개항의 표면적 균열 방식으로 보수비를 산정하여야 하는가?

예를 들어 1층 흙 위에 설치된 슬래브(Slab On Grade)의 하부에 흙다짐이 불량하고, 잡석다짐이 없으며, 슬래브 두께가 부족하다고 가정해 보자. 위와 같은 이유로 1층 바닥 슬래브에 균열이 지나치게 발생하였다면, 상기 3개의 표면적 균열보수 방법으로 그 균열의 근본적인 치유는 어려울 것이다. 표면적 균열보수 후라도 이미 슬래브 구조체가 부실하여 발생한 균열이므로 그 슬래브에는 지속적으로 균열이 발생할 것이다. 또한 기초판이 부실하여 건물 구조체에 균열이 발생하였다면 건물 구조체가 취약한 것이 원인이므로 이 기초판을 보강한 후 균열의 보수를 하여야 할 것이다.

이처럼 경우에 따라서는 하자보수가 단순하게 표면적인 보수일 수도 있으나, 하자보수의 근본적인 원칙은 추후에 추가적인 하자가 발생하지 않도록 하자의 원인을 치유하는 것이다.

■ 누수를 포함한 콘크리트 균열인 경우

콘크리트 누수를 포함한 균열인 경우는 균열 폭과는 관계없이 누수 방지를 위한 보수를 하여야 한다. 이 보수 방법에 대해서는 상황에 따라 여러 가지가 있을 수 있으며, 누수가 동반된 균열에 대해서는 대체로 이견이 없으므로 적절한 보수방법을 적용하여도 무방할 것이다.

■ 시멘트 벽돌 등 조적벽체 균열 밀 이질재 부분 균열 및 보호모르타르 등 비내력 부분 균열

콘크리트 구조체에서 비내력벽인 조적벽체의 균열 등은 그 자체로는 건물의 안전성과 직접적인 연관이 없다는 것이 일반적인 건축 통례인데(건물 구조체의 변형이 영향을 준 경우는 별도로 한다), 건축주는 이 부분의 균열에 대해 매우 민감하게 반응하며, 실제 가시적으로는 이 균열이 안정성에 민감하게 보이는 경우가 종종 있다.

그러나 이런 경우 보수비를 산정해 보면, 의외로 건축주의 요구보다는 매우 적게 산정되는 경우가 종종 있다. 그럼 건물주 측으로부터 객관적이지 않은 감정이라는 의심을 받을 수도 있는데, 감정인은 이런 점을 충분히 인지하고 감정을 진행해야 한다.

2) 균열 부분 보수 후 도장 보수공사 적용 방법

균열보수 후 재도장 시 도장 면적은 어떻게 산정하여야 하는가?

일반적으로는 본 부분 보수 페인트 도장 시 롤러의 폭인 20~50cm를 기준으로 한다고 하는데, 필자는 30cm를 기준으로 균열 길이(m)에 대해 적용하여 도장공사 범위를 산정 한다.

그러나 현장 조사를 해 보면, 기존의 페인트 부분이 부실하여 단지 균열보수 부

분만 페인트 도장공사를 하면 보수 도장면과 기존 벽체 도장면이 확연히 차이가 나 마감면의 균질성을 보장하기 어려워, 감정인은 도장면 전체를 재도장하여야 한다고 주장하여 전체 도장에 소요되는 공사비를 산정하는 경우가 있는데, 만일 다른 부분의 페인트에 도장 하자가 없다면 이는 잘못된 감정으로 판단된다.

도장이나, 도배의 보수공사를 하는 경우 마감재의 균질성을 확보하기 위해 해당 단위 구획을 기준으로 보수공사 범위를 확정하는 취지에서 벽체 도장의 얼룩 현상 등 마감재의 균질성이 확보되지 못한 것에 불만이 있을 수 있으나, 하자보수공사에 대한 감정의 취지를 볼 때, 하자부분을 보수함으로써 발생하는 부분이라는 점과 균열이 한 곳만 집중적으로 발생하지 않고 여러 곳에서 발생하게 되므로 경우에 따라서는 균열보수 공사비보다 도장 공사비가 더욱 커지게 될 수도 있다는 점을 고려하여야 한다.

이럴 경우 분쟁을 해결하는 기준을 제시하는 것이 아니라 더욱 큰 분쟁을 발생시킬 수 있기 때문이므로, 필자는 대규모 건물인 경우 균열부만 도장하는 것을 원칙으로 하나 상기의 마감재 균질성 확보의 경우와 비교하여, 분쟁의 취지 및 해결 기준을 제시하여야 한다는 목적을 고려하여 감정인들이 적절히 판단하여 적용하길 바란다.

이 외에 균열보수 후 도장공사에 대해 일반적으로 논란이 되는 사항을 필자의 경험으로 정리해 보면,

① 균열보수 후 페인트칠의 회수가 1회인지, 2회인지 여부

② 균열보수 후 페인트칠을 위한 바탕정리가 필요한지 여부

③ 아파트의 외벽 균열보수 후 페인트 공사 시 고소 및 위험한 작업으로 인한 인력품을 할증하여야 하는지 여부 등이 있다.

위 ①, ②항은 하자에 관한 감정 시 적절히 판단하여 적용할 수 있으나, ③항의 아파트 외벽 페인트공사 시 로프 등을 이용하여 공사하므로, '종합적산자료' 의 노

임항에 명시된 고소작업 및 층수별 할증 등을 적용할 시 기존 인력 품의 약 50%이상의 인력품이 적용되어야 한다고 건물주 측에서 주장하는 경우가 있다. 그런데 아파트 외벽 페인트공사의 일반적인 단가를 확인해 보면 일위대가(一位代價) 상의 일반 외벽 페인트공사 단가보다 낮게 적용되고 있는 것이 현실이다. 이런 현실을 무시하고 고층 작업이라는 이유로 할증을 하는 것은 옳지 않다고 본다. 현실적으로 아파트 외벽공사는 이미 보편적으로 행해지고 있는 공종이기 때문이다. 따라서 분쟁 중에 행해지는 감정이지만 하자가 발생한 부분을 현시점에서 보수하는 데 소요되는 현실적인 공사비를 가능한 범위에서 객관적으로 확정하여야 하는 것이 원칙이라고 생각한다. 그런데 이 현실은 무시하고 모든 유리한 문구나 규정 등의 무리한 적용을 강요하는 것은 바람직하지 않다는 것이 필자의 의견이다.

그러나 서울중앙지방법원 '건설감정세미나' 에서는 고층 작업에 대해 일정부분 인력품을 할증하여야 한다는 의견도 제시되고 있는데, 이 의견에 대해서 필자는 기술자적인 입장에서 다시 한 번 고찰하기를 바라며, 이 부분에 관하여 명확한 기준이 정립되기 전까지는 감정인의 경험을 바탕으로 적절히 적용할 수밖에 없을 것 같다.

3) 미준공 건물에 나타난 하자에 대한 보수 공사비 산정 방법

건물이 미준공 상태라면 아직 건물을 사용하지 않는 상황에서 사용자에게 불편을 주는 사항이 존재할 수 없으므로 이를 하자라고 보기는 어려울 수 있으나, 현재 공사가 중단되어 미준공 상태의 건물이라도 중단 당시까지 이 건물에 나타난 하자에 대해 감정을 의뢰받는 경우가 있다. 이런 경우는 모든 공종이 완료되지 않았으므로, 추후 공사로 보완될 수 있는 미시공 부분은 포함하지 않고, 이미 완성된 부분에 나타난 객관적으로 판단되는 오시공 부분만을 적용하여야 한다.

예를 들어 일부 구간에 페인트공사가 균일하게 도색되지 않은 채 공사가 중단된 경우 페인트공사 하자로 보는 것은 무리가 있다. 추후 재도색이 가능하므로 건설사는 미시공 부분이라 주장할 것이며, 이는 타당한 주장이다. 그러므로 완성된 기초가 설계도면보다 작다든지, 슬래브의 두께가 부족하다든지 등과 같이 이미 공종이 완료된 부분에 나타난 명백한 하자에 대해서만 보수 공사비 산정 감정을 하여야 한다.

그러나 공사는 거의 완료되었으나 준공검사를 이행하지 않아 미준공 상태의 건물인 경우와 같이 객관적으로 건물이 거의 완료된 상태라 보이는 경우는 일반 하자에 관한 감정과 동일하게 진행할 수도 있을 것이다.

이해를 돕기 위해 미준공 건물 감정 시에 필자가 실수한 경우를 참고가 될 만하여 언급해 보도록 하겠다.

미준공 공장건물의 하자보수에 대한 감정으로, 설계도면에는 최상층 데크플레이트 하부에 단열재를 설치하도록 명기되어 있었는데 현황은 단열재가 설치되어 있지 않고 데크플레이트 하부에 녹막이 칠이 되어 있었다.

건설회사 측은 추후 단열뿜칠을 할 것이라 주장하여 이 단열재 미시공은 추후 공종으로 보아 미시공에 의한 하자가 아니라고 제시하였다. 그런데 건축주 측에서 만일 추후 단열뿜칠을 할 예정이라면 녹막이칠이 되어 있는 경우 단열뿜칠이 부착되지 않으므로 데크플레이트 하부 녹막이칠이 되어 있는 것이 하자라고 주장하였다. 필자도 그렇게까지는 판단하지 못하였는데, 이는 옳은 판단이었음으로 조금 억지더라도 하부 녹막이칠을 철거하는 보수비를 산정하려 하였으나, 다행스럽게 최상층 데크플레이트의 두께가 설계도면보다 부족한 것이 발견되어 데크플레이트 전체를 교체하는 보수비를 산정하게 되었던 경험이 있다.

필자도 사실 이런 부분까지 건축 경험을 한 것이 아니므로 위와 같은 부분에 대해 무심히 넘어갔었지만, 건축물 감정인 경우 이해 당사자 양측도 건축 전문가의 자문을 얻는 등 건축물에 대한 사전 지식을 미리 얻는 경우가 많아 감정이 날로 첨예하고 복잡해지고 있다는 것을 느낀 감정 실수담이다.

4) 건물 구조체가 설계도면이나 구조계산서와 상이한 경우

건물 구조체, 예를 들어 기초, 보, 기둥 및 슬래브 두께가 설계도면이나 구조계산서와 상이하게 시공되어 있는 경우, 시공 전 건설사에서 구조검토를 완료하여 변경하였다면 비록 설계서와는 상이하게 시공되었더라도 구조안전에는 무리가 없으므로 이에 대해서 하자보수비를 산정하기보다는 공사비 차액으로 산정하는 것이 타당할 것이다.

그러나 공사 전 구조 검토가 선행되지 않고 건물 구조체의 부재 크기가 오시공으로 인하여 작게 시공되었다면 이 부재에 대해 구조안전을 확보하는 하자보수 공사비를 필히 적용하여야 할 것이다.

필자는 이런 구조안전에 관한 오시공은 여타 하자와는 다른 사항으로, 미리 구조의 안전을 검토하고 작성된 설계서를 무시하고 일방적으로 건물 구조안전을 도외시한 시공이므로 명백한 오시공으로 판단한다.

만일 차후에 이런 오시공이 구조적으로 안전하다는 의견이 제시되었다면 결과를 중시하는 법 관례 상 판단에 대해 필자가 논할 위치는 아니나, 일반적인 건축 통례와 기술자의 양심이라는 측면에서 판단해 보면 시공 당시에 건물 구조안전에 대해 안일하게 시공한 것으로 시공자는 하자 여부에 대해 분명 자유로울 수만은 없을 것이다.

5. 하자보수 공사비 산정이 필요한 감정의 종류

하자의 범위가 상식적인 것보다 미시공, 변경시공 등과 같이 광범위하므로 각 하자의 적용 방법에 대해 다음에서 각 경우별로 확인해 보도록 하자.

1) 일반적인 도급공사인 경우

일반적 도급공사란 건축주와 건설사 간에 공사 도급계약을 하고 공사가 진행된 건물로, 이 건물에 발생한 하자를 보수하는 데 소요되는 공사비 산정에 관한 감정을 손해배상 청구의 목적으로 진행하게 된다. 여기서 일반적인 도급공사의 경우는 하자보수 공사비가 손해배상 청구의 목적임을 이해하기 바라며, 하자보증금 청구는 아래 공동주택 등에서 사용하는 것인데, 이에 대하여는 '공동주택의 하자' 에서 자세히 기술한다,

가장 일반적인 하자에 대한 감정으로 이 감정의 경우에 사용자가 불편을 느끼는 하자, 오시공 하자와 특히 도급계약 조건과 상이한 미시공, 변경시공 등의 모든 하자에 대해 하자보수 공사비 산정을 필히 염두에 두고 감정을 진행하여야 한다.

특히 변경시공에 관하여 가장 논란이 많은 감정이므로 감정 시 설계변경의 과정이 어떻게 진행되었는지 여부를 이해 당사자의 주장 청취 및 관련 서류 등의 검토를 통해 정확히 파악하여야 한다.

2) 아파트 등 분양건물(집합건축물)인 경우

공동주택 등 집합건축물의 하자보수 공사비 산정의 감정은 여타 하자 감정과는 일부 다른 절차가 진행되므로 이에 대해 간략히 기술해 보면 다음과 같다. 단, 관련 법규 및 판례에 대한 사항은 매우 방대하므로 이 책에서는 건축 감정 시 참고가 될 만한 사항을 중심으로 기술하고자 한다.

그런데 '아파트 등 분양건물(집합건축물)의 하자보수비 산정에 대한 감정' 을 위주로 감정하는 일부 건축 감정인 중에는 모든 하자보수비 감정이 본 항에 서술된 것과 같다고 착각하여 본문에서 사용하는 사용검사 전후 구분이나, 하자보수비를 년차로 구분하는 경우를 종종 목격하게 되는데, 본 항을 제외한 하자보수비 산정에서는 사용검사 전후 구분이나, 하자보수비를 년차로 구분하는 것은 아무 의미가 없으며, 만일 이렇게 감정할 경우 실제 하자보수비 산정이 정확하더라도 감정의 경험이 없는 것으로 오해 받을 수 있으므로, 적용에 착오가 없기를 바란다.

가. 분양건물(집합건축물)의 하자보수 공사비 산정 감정의 개요

아파트 등 공동주택 및 여타 분양건축물은 공사 도급계약이 없이 사업주체가 공사를 진행하고 추후 분양 등을 통하여 각 실별 건축주가 확정되는 집합건축물로, 이 경우 하자보수 공사비 청구권자는 입주 후 결성된 입주자대표회의가 되고 하자보수의 책임은 사업주체, 혹은 사업주체로부터 건설공사를 일괄 도급받아 건설공사(이하 '사업주체')를 수행한 건설사가 된다.

즉, 하자보수 공사비 청구권자는 입주 후 건물을 인수받으므로 이로 인하여 추후 발생할 수 있는 하자를 확인할 방법이 없으므로, 관련법으로 사업주체가 하자보수 보증금을 현금이나, 혹은 은행의 지급보증서, 대한보증 주식회사가 발행하는 보증서 등으로 예치하도록 강제 규정하고 있다. 그리고 집합건축물에 대해 규정하고 있는 주택법에 의해 입주자대표회의는 사업주체가 예치한 하자보수보증금을 사용검사일로부터 사용한 경우에는 이를 포함하여 각 비율로 순차적으로 반환하여야 한다.

이 경우 하자보수의 절차를 살펴보면, 입주자대표회의는 주택법에 의한 하자보수 책임기간 내에 공동주택에 하자가 발생한 경우에 사업주체에게 그 하자의 보수를 요구할 수 있으며, 사업주체는 일정기간 내에 이를 조처하여야 한다. 만일 이를 조처하지 않거나 불성실한 경우 입주자대표회의는 하자보수 보증회사에 예치된 하자보수보증금을 청구하게 된다.

그러나 보증회사가 입주자들이 원하는 수준의 하자보수보증금을 지불하거나 하자보증을 이행하는 경우는 거의 없다고 한다. 따라서 입주자대표회의는 하자보수 보증금을 충분히 받기위하여 소송을 제기할 수밖에 없고, 이와 아울러 하자보수보증금 청구 외에 보증 범위를 넘어서는 부분에 대하여 손해배상 청구소송도 제기되는데, 이때 하자보수 공사비에 관한 법원에서 진행하는 감정을 하게 된다.

나. 공동주택의 하자에 관한 소송

공동주택의 하자에 관한 소송에는 하자보수보증금 청구소송과 손해배상 청구소송의 두 가지가 있다. 건축 감정인 입장에서 이에 대한 자세한 사항을 확인할 필요는 없으므로 각 소송에 대해 건축 감정인이 알아야 할 사항에 대해서만 기술하고자 한다.

■ **하자보수보증금 청구소송**

하자보수보증금 청구소송은 하자보수 보증서를 발행한 보증보험사를 상대로 제기하는 소송으로 하자보수보증금 한도 내에서 청구할 수 있다.

그러나 보증 계약의 약관상 보증대상에서 제외되는 하자가 있는데, 약관에 따라 보증대상에서 제외되는 하자의 종류는 다르지만, 설계상 잘못으로 인한 하자, 설계도면과 달리 시공되었거나 미시공 된 하자 및 기타 사용검사 이전에 발생한 하자 등은 약관상 보증대상에서 제외하고 있다.

대법원 판례를 보면 보증계약에서 정한 보증 기간 동안에 발생한 하자로서 사용검사일 이후 발생한 하자이어야 한다. 따라서 공사상의 잘못으로 주택의 기능상, 미관상 또는 안전상 지장을 초래하는 균열 등이 사용검사 이후에 비로소 나타나야만 하자보수보증금 청구의 대상이 될 것이고, 사용검사 이전에 나타난 변경시공, 미시공 및 주택의 기능상, 미관상 또는 안전상 지장을 초래한다 할지라도 이 하자는 보증대상이 되지 못한다는 판례가 있다. 즉, 사용검사 이후에 발생한 하자에 대해서만이 청구를 할 수 있다는 것이다.

■ **손해배상 청구소송**

손해배상 청구소송은 공동주택에 발생한 하자의 보수에 소요되는 비용이 하자보수보증금을 초과하는 경우에는 사업주체 등 분양회사를 상대로 손해배상 청구에 대해 소송을 제기할 수 있는 것으로, 보증보험의 보증대상에 의한 하자보수에 의해 회복되지 않는 손해배상을 말한다.

하자보수에 의해 회복되지 않는 하자란, 하자의 완전한 보수가 불가능한 경우에 하자보수를 하였음에도 남게 되는 잔존 손해, 하자로 인하여 그 하자 부분 외의 다른 대상에게 발생하는 확대 손해, 하자로 인하여 공사의 완성이 지연됨으로 인한 자연 손해 등 매우 포괄적이므로, 사용검사일 이후 발생한 하자에 대해 책임을 지는 하자보증금 청구소송 외의 모든 하자보수 부분을 포함하게 된다.

■ **감정 시 유의 사항**

위와 같이 일반적인 공동주택의 하자보수 공사비 산정 감정은 하자보수보증금 청구소송은 보증보험사를 대상으로, 손해배상 청구소송은 사업주체를 대상으로 하므로 감정 시 각 하자에 대해 하자의 발생시점을 명확히 구분하여 주어야 추후 책임 소재에 의한 하자보수 공사비의 구분이 명확해 질 수 있다.

그러나 오시공, 미시공 및 변경시공 등 하자 발생 시점의 파악이 명확한 하자도 있으나, 균열, 누수 등의 하자는 발생 시점을 감정 시점에서 명확히 구분하기가 불가능한 경우가 있는데, 감정인은 가능한 범위에서 하자의 발생 시점을 사용검사 전, 후로 구분하여야 하며, 만일 발생 시점의 확인이 불가능한 하자에 대하여는 불가능한 이유와 발생 시점이 불가능함을 정확히 명시하여 이 소송의 판결에 혼란이 없도록 하여 주어야 한다.

본 항에 대해서 좀 더 자세히 알아보도록 하자.

■ **하자의 발생 시점이 사용검사 전, 후의 구분**(2011. 9. 27에 열린 '건설감정 세미나' 참조)

이와 관련된 대법원 2005다 77848 판결(하자보수보증금)의 판결 요지를 보면,

[1] 건설촉진법 시행령 제43조 5 제1항 제2호 소정의 하자보수 보증계약의 약관상 보증대상이 되는 '사용검사 이후에 발생한 하자' 의 의미

[판결요지]

결국 보증대상이 되는 하자는 미시공, 변경시공 그 자체가 아니라, '공사상의 잘못으로 인하여 건축물 또는 시설물 등의 기능상, 미관상 또는 안전상 지장을 초래할 수 있는 균열, 처짐 등의 현상이 발생한 것' 을 의미한다고 보아야 할 것이고, 그 공사상의 잘못이 미시공이나 변경시공이라 할지라도 달리 볼 것이 아니라 할 것이어서, 비록 미시공이나 변경시공으로 인하여 건축물 자체에 위와 같은 균열 등이 발생할 가능성이 내재되어 있었다고 할지라도 그 자체만으로 보증대상이 되는 하자가 사용검사 이전에 발생한 것이라고 볼 것이 아니라 할 것이며, 그와 같은 균열 등이 실제로 나타나서 기능상, 미관상 또는 안전상 지장을 초래하게 되었을 때 하자가 발생하였다고 보아야 할 것이고, (중략) 한편, 그 보증대상이 되는 하자가 되기 위해서는 보증계약에서 정한 보증 기간 동안에 발생한 하자로서 사용검사 이후에 발생한 하자이어야 하므로, 공사상의 잘못으로 주택의 기능상, 미관상 또는 안전상 지장을 초래하는 균열 등이 사용검사 후에 비로소 나타나야 한다고 할 것이고, 사용검사 이전에 나타난 균열 등은 그 사태가 사용검사 이후까지 지속되어 주택의 기능상, 미관상 또는 안전상 지장을 초래한다 할지라도 이는 위 의무하자보수 보증계약의 보증대상이 되지는 못한다.

위 판결문을 정리하여 보면

① 부실시공으로 인한 하자, 균열, 누수 등은 사용검사 이후에 발생한 것으로 확정할 수 있다.

② 대법원 판례는 미시공, 변경시공 공사로 인하여 건축물 자체에 균열 등이 내재되어 있다 할지라도 그 상태는 하자가 발생한 상태가 아니라고 보는 것이다. 이는 현실적으로 하자의 현상이 발생하지 않으면 하자를 인지하지 못하므로 당연히 사용검사 이후에 발생한 것으로 보는 것이다. 그리고 사용검사 이후, 어떤 시점에 내재된 하자의 가능성이 비로소 미관상, 기능상 또는 안전상

지장을 초래하는 하자가 실제로 발생하게 되면, 그 하자의 발생 시점은 사용검사 이후로 보는 것이다.

일반적인 건축 통례와는 상이한 부분이므로 이 실례를 들어보면

[사례1] 외벽면 단열재가 설계도면보다 규격미달 시공되어 그 부분에 사용검사 이후 결로 등의 하자가 발생한 경우, 분명 그 시공 시기는 사용검사 전이나, 단열재의 변경시공으로 인하여 건축물 자체에 결로 등의 하자가 발생할 가능성이 내재되어 있다 하더라도, 그 자체만으로 하자가 사용검사 이전에 발생한 것이라고 볼 수는 없으며, 주택의 기능상, 미관상 지장을 초래하는 결로 현상 등이 사용검사 이후에 발생하였으므로, 본 하자는 사용검사 이후에 발생한 하자로 판단하여야 한다.

[사례2] 지붕층 싱글재 하부에 설계도면에는 액체방수를 하도록 명시되어 있으나 이 액체방수를 미시공하여 사용검사 이후 누수의 하자가 발생한 경우도 상기와 같은 이유로 사용검사 이후 발생한 하자로 판단하여야 한다.

[사례3] 벽체에 시멘트 모르타르 미장을 두께 18mm로 하도록 설계도면에 명시되어 있으나, 12mm 두께의 모르타르로 변경 시공한 경우는 그 모르타르 두께 미달이 미관상, 기능상 또는 안전상 지장을 초래하는 하자가 실제로 발생하지 않았으므로, 이는 변경시공으로 보아 사용검사 전에 발생한 경미한 하자로 보아야 할 것이다.

건축 감정인 중 일부는 건축 관련 사항은 아니므로 하자발생 시점 구분의 이유를 명확히 인지하지 못하여 이 구분을 명확히 하지 않는 경우가 있는데, 감정인은 감정서에 이러한 하자의 발생 원인 및 발생 시기와 발생 시점에 나타난 구체적인 하자의 현상을 명확히 명기하여야 하자보증의 대상 여부의 논란을 피할 수 있을 것이다.

그러나 하자의 발생 시점을 결정하는 사용검사 전 · 후의 구분에 대한 대법원 판

례가 있으나, 이 구분의 원칙에 대해 필자의 생각은 근본적으로 차이가 있다.

미시공 부분이 하자로 성립되기 위해서는 그 부분에 하자가 발생하거나, 발견된 시점을 기준으로 하여 사용검사 전 · 후를 구분하는 것에 대해, 법리상의 문구 등에 관하여는 우리나라의 법 최고기관인 대법원에서 완벽히 해석하여 판결하였을 것이다.

하지만 미시공이란 시공사가 공사를 하지 않은 부분이므로 원칙적으로 시공사의 책임이어야 하는 것이 원칙이라고 판단되는데, 위 판례는 미시공이 하자로 판단된 시점이 대부분 입주, 즉 사용검사 이후이므로 보증보험사의 책임이라는 것으로, 실제 미시공 행위를 한 시공사의 책임이 보증보험사의 책임으로 전가되는 것이다.

건축 관련 기술자의 입장에서 본다면 지극히 상식적으로 미시공은 건설사의 귀책 사항인데, 법리상의 문구 판단으로 인하여 미시공의 책임을 보증보험사로 전가시키는 대법원의 판례에 대해 건축 기술자 입장에서 재검토를 하여야 한다고 감히 권하고 싶다.

이 판례가 나오게 된 배경에 대해 본인은 알지 못하나, 대법원 판례가 결정되는 과정에서 일부라도 건축 관련 기술자가 참여하여 실제 건축 공사 과정의 의견을 이야기하고, 그 의견이 수렴되었는지 여부에 대해, 이 판례를 보면서 의문을 갖게 된다.

물론 법의 문구가 분쟁을 해결하는 객관적인 판단의 기준이어야 하겠지만, 그 보다는 현실에 적합한 분쟁을 해결하는 객관적인 판단의 기준을 제시하는 것이 법의 취지에 맞는 것이 아닌가하는 것이 기술자적인 필자의 의견이다.

다. 하자의 범위 및 하자담보 책임기간

■ **하자의 범위**

주택법시행령 제62조 제1항과 그 별표7은 내력구조부의 하자범위를 "내력구조부에 발생한 결함으로 인하여 당해 공동주택이 무너진 경우 또는 안전진단 실시결과 당해 공동주택이 무너질 우려가 있다고 판정된 경우"라고 규정한다. 그러나 여기서 '무너질 우려가 있다고 판정된 경우'는 대법원 판례에서 '그와 같은 규정을 둔 취지는 내력구조의 결함과 같은 중대한 하자에 대하여는 그 위험성과 주요성에 비추어 특히 가중책임을 지게 하려는 것이지 내력구조부에 대해서 공동주택이 무너지거나 무너질 우려가 있는 경우와 같은 중대한 하자에 대해서만 책임을 부과하는 것으로 제한하려는 취지는 아니라고 해석해야 한다'로 명시하고 있는 것으로 보아, 내력구조부에 발생된 균열 등을 하자로 보는 것이 타당할 것이다.

주택법시행령 제59조 제1항과 별표 6은 내력구조부 외의 하자범위를 "공사상의 잘못으로 인한 균열, 처짐, 들뜸, 침하, 파손, 붕괴, 누수, 누출, 작동 또는 기능불량, 부착, 접지불량 또는 결선불량, 고사 및 입상불량 등이 발생하여 건축물 또는 시설물의 기능, 미관 또는 안전상의 지장을 초래할 정도의 하자"라고 규정하고 있다.

■ **하자담보 책임기간**

주택법시행령 제59조 제1항 관련 별표에 의하면 내력구조부별 하자담보 책임기간은 다음과 같다.

가. 기둥 · 내력벽(힘을 받지 않는 조적벽 등은 제외한다) : 10년
나. 보 · 바닥 및 지붕 : 5년

아울러 내력구조부 외의 기타 시설의 하자담보 책임기간은 각 하자의 항목에 따라 지정되어 있으나, 이 법령은 2008년 11월자에 개정되어, 사용검사일이 개정 전인 경우는 각 항이 1, 2, 3년으로, 개정 후인 경우는 1, 2, 3, 4년으로 하자보수 책임기간이 변경되었으므로 사용검사일을 확인하여 정확히 하자보수 책임기간을 각 하자가 어느 항인지 적절히 파악하여 각 년차별 하자보수 공사비를 각각 산정하여야

한다.

이 연차별 하자보수 공사비는 민사소송 판결 시 재판부에서 각 연차별로 적절한 비율을 적용하여 판결하게 되므로 각 년차별 하자보수 공사비의 구분은 명확히 산정하여야 한다.

라. 공동주택 등 하자보수 공사비 산정 감정 시 주의 사항

위에서 언급한 내용과 함께 공동주택 등의 집합건축물 하자보수 공사비 산정 감정 시 주의 사항을 정리해 보면 다음과 같다.

① 세대 내부를 포함하여 현장 조사를 철저히 시행하여야 한다.

공동주택의 경우 현장이 방대하고, 하자의 발생 위치도 다양하여 현장 조사의 어려움이 있다 그러나 다소 많은 시간이 소모되더라도 현장 조사를 철저히 하고, 그 근거를 정확히 명기해 두어야 추후 감정서 작성 시 혼란이 없고, 정확한 하자 현황도 작성이 가능하다.

일반적으로 아파트 외부의 공용 부분 조사는 감정인의 노력과 시간을 적극적으로 투자하면 정확한 조사가 가능할 수 있으나, 아파트 세대 내부의 조사는 부재 세대가 많아 일상적인 방문으로는 확인이 어려운 경우가 매우 많다.

이 부재 세대에 대하여는 관리주체를 적극적으로 활용하거나, 수차례 방문하거나, 야간 시간 및 휴일 등을 활용하여서라도 가능한 세대는 방문하여 세대 내부의 현장 조사를 적극적으로 하여야 조금 더 정확한 보수공사 범위의 판단이 가능하다.

필자의 경험으로는 100%의 세대 내부를 조사하면 좋겠지만 현실적으로 볼 때 본인은 80%이상의 세대를 조사하고자 노력하고 있는데, 일부 감정의 경우 90% 이상을 요구하는 경우도 있다. 물론 입자자대표회의(원고)의 경우는 한 세대라도 더 조사한다면 하자보수 공사비가 일부라도 증가할 수 있어 모든 세대의 조사를 원할

것이나, 조사의 현실성으로 볼 때 가능한지 여부에 대해서는 의문이 든다.

아울러 세대 방문 횟수 및 방법과 몇 세대를 조사하였는지, 방문 세대의 동, 호수 등에 대해 감정 사항 등에 명확히 명기하여 추후 논란이 없도록 하여야 한다.

② 현장 조사 시 원고와 피고 측이 동시에 참여하도록 하여야 한다.

공동주택의 하자에 관한 소송에서 일반적으로 원고는 입주자대표회의이고, 피고 측은 건설사가 될 것이다. 그러나 입주자대표회의에서 모든 현장 조사 시 참석은 어려우므로 일반적으로 관리주체에서 참여할 것이며, 건설사는 관련자가 참석할 것이다.

현장 조사는 양측의 의견을 청취할 수도 있으며, 객관적인 조사를 위해 원고와 피고 양측이 동시에 참여할 기회를 주어야 하지만, 특히 본 건과 같은 현장 조사 시에는 필히 양측의 입회하에 현장 조사를 실시할 것을 권하는 바이다.

③ 각 하자에 대해 항목별로 하자 발생 시점을 명확히 명시한다.

건축물에 나타난 하자에 대해 감정하는 건축 감정인이 명확하게 하자 발생 시점을 판단해 주어야 판결 시 혼란이 없을 수 있음을 명심하여 정확하게 시점 파악 및 관련 내용을 감정 사항에 명기해 주어야 한다.

④ 하자보수 책임담보 기간을 명확히 연차별로 산정하여야 한다.

사용검사 일시를 정확히 확인하여 적절한 법령에 근거한 하자보수 책임담보기간을 각 하자 항목별로 정확히 판단하여야 하며, 각 항에 대한 연차별 보수 공사비 집계를 정확히 하여야 한다. 이 연차별 담보 기간은 추후 판결 시 중요한 자료가 됨을 건축 감정인들은 명심하여야 한다.

3) 인접지 공사로 인하여 건물에 하자가 발생한 경우

가. 인접지 공사로 인한 하자보수 공사비 산정 감정의 개요

위에서 나열한 하자 감정은 건설사가 해당건물을 신축함으로 인하여 발생된 하자에 대한 감정이었다면 본 경우는 인접지 공사로 인하여 근접한 해당건물에 하자가 발생한 경우의 감정이다.

이 경우 물론 인접한 건물을 시공하는 건설사(이하 '건설사')와 근접한 해당건물의 건축주(이하 '건축주')와는 도급계약 관계는 성립되지 않았으며 인접지 공사로 인하여 해당건물이 피해를 입게 되었으므로, '건설사'는 '건축주'에게 건물 피해에 의한 손해를 배상하여야 하는데 이 손해 부분 중 해당건물에 나타난 하자에 대한 보수 공사비를 산정하는 감정을 말한다.

이 감정에서는 하자보수 공사비 산정에 대한 감정 외에 해당건물에 나타난 하자로 인하여 발생된 여타 모든 손해액을 포함하게 되므로 그 여타 손해액에 대한 감정은 건축 감정인이 감정할 수 없는 사안이 대부분으로, 일반적으로 감정평가사나 관련 전문가와 함께 감정을 하게 된다.

예를 들어 지상5층, 지하1층의 해당건물 이웃에 지하5층의 대규모 건물을 신축하는 경우, 이웃한 신축부지에 흙막이 공사를 아무리 철저히 하였더라도 해당건물 내의 지반에 일부 교란이 발생하여 해당건물에 균열, 누수 등이 발생하였고, 이 균열, 누수 등으로 인하여 지하실에 동산 일부가 피해를 입었으며 이로 인하여 지하실을 수개월간 사용하지 못하였다는 분쟁이 발생하였다고 가정해 보자.

이 경우 지하실을 수개월간 사용하지 못하였음으로 발생한 임대료 및 피해 동산에 대하여는 감정평가사가 그 비용을 감정하고, 건축 감정인은 인접지 신축공사가 해당건물 하자의 발생 원인인지 여부와 발생 원인이라면 그 영향으로 인한 하자를 보수하는 데 소요되는 공사비에 대해 감정하여 그 합산 금액 및 기타에 대해 손해배상을 청구하게 되는 것이다.

본 책에서는 여타 손해액에 대해서는 별도로 하고, 건축물에 관한 감정 사항만을 언급하고자 한다.

나. 본 감정의 주요한 사항

① 해당건물의 하자 발생의 원인이 인접지 신축공사의 영향인지 원인 분석

본 사건의 감정 사항에서는 일차적으로 하자 발생의 원인에 대해 감정을 의뢰 받게 되는데, 이에 대해 기술적으로 원인을 분석하여 인접지 신축공사가 해당건물의 하자 발생 원인인지 여부를 필히 제시하여야 한다.

이 발생 원인에 대한 분석이 일부 경우는 막연할 수 있으므로 필자는 다음과 같은 항목으로 원인을 분석, 제시하니 참조 바란다.

1) 1차적으로 지하굴착에 의거 지반교란 및 지내력 감소에 따른 지반의 이동과 침하에 의한 균열 및 침하 요인 분석
2) 2차적으로 인접지의 지하굴착에 따른 지하수 및 토사유출에 의한 지반교란 및 지내력 감소에 대해 분석
3) 3차적으로 인접지의 지하굴착 시 발생한 진동에 의한 균열요인을 분석

또한 인접지 신축공사 중 흙막이 등 토목공사 시 해당건물의 하자 발생에 직접적인 영향을 주므로 토목공사에 따른 지반의 변형에 대한 각종 계측자료를 건설사 측에서 제시하게 되는데, 이를 적절히 검토하여 보면 인접지 공사가 해당건물의 하자 발생 원인인지 여부에 대해 추정이 가능한 경우가 많으므로 토목 관련 계측자료를 적극적으로 수집, 검토하기를 권하는 바이다. 또한 해당건물과 인접지 신축공사의 설계도면을 사전에 수집하여야 정확한 현장의 상태를 이해하고 원인 파악을 하는데 도움이 됨을 명심하기 바란다.

② 하자발생 범위 파악

해당건물은 인접지 공사 전 이미 사용하고 있는 건물로, 신축 후 상당한 기간이 경과한 해당건물에는 미리 일정 부분 하자가 발생되어 있었을 것이다.

그런데 인접지에 대규모의 신축공사가 착공되어 지반 교란 및 진동 등 여타의 영향으로 미리 발생된 하자를 더욱 가속화 시켜서 그 해당건물이 평온무사하게 있었을 경우보다 더욱 심화된 하자가 발생하게 되는 경우가 대부분이다.

즉 해당건물에는 이미 하자가 존재하였으며 만일 인접지 신축공사가 없었더라도 일정 부분 하자는 진행되었을 상황에서 인접지 공사로 인하여 하자가 더욱 심하게 발생하게 된다.

그러면 이런 경우 인접지 신축공사의 원인으로 더욱 심화, 가속된 하자의 범위는 어떻게 판단하여야 하는가? 하는 의문이 생기게 된다.

아무리 유능한 건축 전문가이더라도 처음 접하는 현장의 더욱 심화, 가속된 하자의 범위를 판단하는 것은 불가능하다. 신축공사 시 인접지 건물에 영향을 미칠 수 있는 조건이라면 일반적으로 신축공사의 건설사는 피해가 예상되는 건물에 대해 착공 전의 건물 형태, 즉 건물에 나타난 하자 및 건물의 안전성에 대해 건물안전진단을 실시하거나 최소한 해당건물에 대한 동영상이나 사진 등을 확보하여 두는 것이 일반적인 진행 상황이다.

본 분쟁의 경우 감정인은 필히 착공 전에 준비된 안전진단보고서, 동영상 및 사진, 설계도면 등 모든 자료에 대해 제시를 요구하여야 하며, 이 자료를 바탕으로 착공 전의 하자와 현재의 상황을 비교, 검토하여 더욱 심화, 가속된 하자의 범위를 파악하는 것이 가장 현실적인 하자발생 범위를 파악하는 방법일 것이다.

만일 이러한 자료가 제시되지 않았다면 본 감정의 수행은 거의 불가능하거나, 감정인이 일반적 건축 통례를 바탕으로 하자의 범위를 추정한다는 점을 충분히 분쟁당사자에게 설명하고, 이 사실을 감정 사항 및 공사비 산정 의견란에 명확히 명기하여야 추후 논란이 발생하지 않을 것임을 명심하기 바란다.

③ 인접지 공사가 해당건물 하자 발생에 얼마나 영향을 주었는지 여부(기여도)

인접지 공사가 없었더라도 해당건물은 그 기간 동안 미세하나마 하자는 진행되었을 것이다.

그러나 인접지 공사에 의해 이 하자가 더욱 심화, 가속된 상황에서 인접지 공사 착공 후에 진행된 하자를 모두 인접지 공사의 영향으로 보기에는 무리가 있다.

그러면 그 영향은 어느 정도인가? 라는 것에 대해 일반적인 표현으로 '기여도(%)' 라 통칭하고 있는데, 이 '기여도' 라는 표현은 건축 관련자에게는 생소할 것이나 본 분쟁과 같은 경우에는 종종 사용되는 용어이니 기억해 두면 도움이 될 것이다.

'기여도(%)' 란 해당건물의 분쟁 당시 하자의 정도를 100%로 보았을 경우, 인접지 신축공사의 영향, 즉 인접지 신축공사의 책임은 몇 %인가 하는 것이다.

만일 해당건물이 신축된 지 5년 정도 경과한 구조적으로 안전한 RC건물인 경우 인접지 공사에 의한 기여도는 예를 들어 80%이상 높을 것이나, 해당건물이 신축된 지 30년 경과한 블록조인 경우 그 건물은 이미 노후화되었을 것이므로, 그 기여도는 예를 들어 50% 이내로 수치가 낮을 것이다. 물론 이 수치는 가정임을 전제한다.

그런데 이미 하자가 발생된 현장을 처음 접하는 감정인이 백분율의 수치로 표현되는 기여도를 객관적인 수치로 계산하는 것은 현실적으로 불가능하다.

만일 이 해당건물을 감정인이 신축 당시부터 모든 하자를 파악하고, 인접지 공사가 착공되는 시점부터 분쟁 시까지의 하자 발생 및 진행 상황을 파악하였다 하더라도 이를 객관적인 수치화를 기준으로 백분율인 기여도를 산정하는 것은 불가능하기 때문이다.

그런데 이런 민사소송을 포함한 분쟁의 경우 이 '기여도' 에 대한 요구는 분쟁의 해결을 위해서는 필수적이므로 재판부 등에서는 항상 요구하는데, 이런 경우 필자는 객관적인 기여도 산정은 불가능하다는 의견으로 감정을 진행한다.

그런데 끊임없이 이 '기여도' 에 대해 요구 받고 있는 상황에서, 객관적인 자료가 아닌 감정인의 건축적 경험을 바탕으로 기여도를 추정할 수 있는가? 하는 요구를 받은 적이 있는데,

첫 번째 경우는 해당건물이 신축된 지 약 12년 된 구조적으로 비교적 안전한 RC 건물인 경우로 필자는 약 70%를 제시하였으며, 두 번째 경우는 신축된 지 30년 경과한 이미 노후된 블록조 주택인 경우로 약 50%를 제시한 경험이 있다.

위의 실례가 객관적인 수치를 기준으로 산정한 것이 아님을 분명히 밝히는 바이나, 일반적인 건축 통례를 기준으로 본다면 일정 부분 타당하리라 판단되는 수치이므로 각 현장의 상황을 고려하여 참조하기 바란다.

6. 하자보수 공사비 산정 사례 및 하자의 실례

하자보수 공사비 산정 감정의 사례는 위에서 많은 예를 들어 나열하였으므로 본 항에서는 건축 관련자로서 접하기 힘든 사례와 함께 하자가 발생하고 있는 실례 몇 가지를 보여주고자 한다.

사례1. 공사중지 가천분신청을 위한 감정

* 감정의뢰자 : 변호사

* 감정개요 및 진행사항

본 건은 인접지 공사로 인하여 건물에 하자가 발생하였을 경우 인접지 공사의 공사 중지 가처분 신청을 위하여, 본 건물에 나타난 하자가 인접지 공사의 영향인지 여부 및 그 하자를 보수하는 데 소요되는 공사비를 산정하는, 가처분 신청 소송을 위한 사전(事前) 자료 확보를 위한 감정이었다.

과거에는 인접지 공사의 영향으로 해당건물에 하자가 발생한 경우에는 해당 지자체나 공사감리인을 통하여 이에 대한 손해를 보수하는 방법이 보편적인 방법이었으나, 사회의 발전 및 소송제도의 보편화로 직접 공사중지를 위한 소송으로 진행되는 경우가 있어, 이 소송의 경우 소송을 하기위해 객관적인 자료로 이 감정을 신청하기도 한다.

사례2. 누수 하자의 원인 확인을 위한 감정

* 감정의뢰자 : 수도권 지방법원

* 감정개요 및 진행사항

본 건은 연립주택(준공 후 15년이 경과한 일부 노후화된 공동주택) 2층 세대에 누수가 발생하여 2층 세대(원고)의 누수의 원인이라고 판단되는 상부층 3층 세대(피고)를 대상으로, 누수 하자에 대한 손해배상 청구를 한 민사소송 사건이었다.

본 누수의 원인을 확인하기 위해 현장 조사를 해 본 결과, 본 누수는 상부층 세대(피고)의 누수가 원인이거나, 혹은 상부층 옆 세대의 누수가 원인이거나, 혹은 이 두 세대의 누수가 복합적으로 원고 주택에 누수 원인일 수도 있는 아주 복잡한 형태의 누수 하자였다.

본인은 심정적으로는 그 원인이 일부 파악은 되나, 외부적인 누수의 원인이 있을 수 있는 상황에서, 당시 소송 중인 원고와 피고 간의 누수 원인에 대해 객관적으로 특정하기가 매우 어려워 감정을 시작하고 처음으로 감정을 포기하였던 기억이 있다.

감정을 포기한 이유는 누수의 원인을 객관적으로 특정하기 위해서는 소송 중인 세대 외에 다른 세대를 조사하여 누수 원인을 파악하여야 하는데, 그 다른 세대의 조사가 현실적으로 불가능하였기 때문이다.

감정 시 심정적으로는 결과의 확인은 가능할 수 있으나, 객관적으로 특정이 되지 않는 경우 감정인은 시간을 지체하지 말고 그 사실을 정확히 명기하여 감정을 포기하는 것도 소송 진행의 시간적인 문제를 고려할 시 참고해 볼만 것이다.

그러나 건축의 전문가로서 가능하다면 해당 감정의 결과를 정확히 제시하여 주는 것이 감정인의 책임이며 의무임을 명심하여야 할 것이다.

실례. 건물에 나타난 하자의 예

실례 1. 옥상 패러핏 누수로 인하여 1층 피로티 주차장 상부에 동절기 고드름 형태로 나타난 누수 하자

실례 2. 아파트 지하주차장 벽체 및 바닥 균열로 누수가 발생한 하자

실례 3. 아파트 계단실 창호 주위 균열 및 코킹 불량으로 발생한 누수 하자

실례 4. 아파트 콘크리트 외벽 철근이 노출된 하자

실례 5. 인접지 공사로 인하여 블록조 벽체와 슬래브가 심하게 이격된 하자

실례 6. 온돌층 습기제거가 불충분하여 입주 후 잔존 습기가 바닥재를 오염시킨 하자

실례 7. 인접지 공사로 인한 마당 바닥 슬래브 균열

실례 8. 인접지 공사로 인한 담장 및 바닥 균열

실례 9. 지하 주차장 바닥 마감재 불량으로 마감재 탈락 하자

실례 10. 상부층 누수로 인한 하부층 벽체 오염

2-2. 기성고 산정에 관한 감정

1. 기성고 산정이란?

건축주와 건설사가 도급 계약에 의한 공사 중 공사가 중단된 경우, 공사 중단 이유에 대한 귀책 여부의 판단(본 책에서는 이에 대해서는 별도로 함)과 함께 공사가 중단된 시점까지의 투입 공사비에 대해 건설사와 건축주 양측의 주장이 상충하는 경우가 종종 발생한다.

이럴 경우 공사 중단 시점까지 적정한 기성 금액(기 시공된 공사비)을 산정하여, 이 기성금을 기준으로 양측이 조정, 합의하는 데 필요한 감정의 방법이다.

이 기성고 감정이 필요한 경우를 보면,

첫째, 민사소송의 경우 중단된 시점까지의 공사비에 대한 공사대금 청구소송으로 법원에서 진행하는 감정절차이며, 일반적으로 건설사가 소송을 제기하는 원고가 된다.

둘째, 건축주와 건설사 양측이 민사소송 제기 시 많은 비용과 시간을 소요하므로, 민사소송을 제기하기 전 양측이 기성 공사금액을 감정하여 합의하기 위한 경우이다.

그럼 기성 공사비 산정은 어떻게 하여야 하는가? 하는 것인데, 일반적인 도급공사에서 도급공사 시 대금지급의 방법은 첫 번째는 일정공정이 완료되면 계약서에 명시된, 혹은 구두로 합의된 공사비를 지불하는 방법과, 두 번째는 일정기간까지 완성된 공사 비율에 대한 계약 공사비의 비율을 지불하는 방법으로 공사비를 지불하는데, 본 기성고 감정은 간단히 보면 두 번째 방법을 적용하는 것이다.

공사 현장에서 기성비율의 확정은 건축주 측의 현장감독이나, 건축 감리자가 일정기간에 완성된 공사의 비율을 확정하여 계약 공사비에 대한 비율로 지불하게 된다.

만일 건축주 측의 현장감독이나, 건축 감리자가 건축주와 건설사 사이에서 확실한 신뢰를 얻고 있는 상황이라면, 공사가 중단된 시점까지의 기성비율에 대한 명확한 제시가 가능하므로 분쟁의 소지가 없을 수 있으나, 현실에서는 건축주 측의 현장감독이나, 건축 감리자가 이해 당사자 양측에 대해 객관적이기는 어려운 상황이 다분히 있으므로, 이들에 의해 제시된 기성 비율에 대해 시공사 측은 신뢰하지 못하는 경우가 종종 있다.

필자는 가능하면 현장감독이나 건축 감리자가 제시한 기성비율로 공사 중단 시까지의 투입된 공사비를 적용하기를 권하고 있으나, 현재까지 필자는 이 기성비율이 이런 방법으로 적용된 실례를 경험하지 못하였다.

그러나 일반 분쟁이 아닌 관청 등에서 발주한 공사 등과 같이 객관적인 기성비율을 확보하여 분쟁 시 객관적 근거를 제시할 수 있는 경우도 다분히 있었을 것으로 추정은 된다.

이렇게 공사가 중단되었고, 객관적인 기성비율의 확정이 어려운 경우, 감정인은 전체 공사비에 대한 현재까지의 투입 공사비의 비율을 정하고, 이 비율을 계약금액에 적용하여 현재까지의 기성 공사비를 산정하는 감정방법으로 기성고 산정에 대한 감정을 한다.

그럼 기성고 산정에 대한 감정의 방법을 자세히 알아보도록 하자.

2. 기성고 산정의 감정 방법

건축주나 건설사에서 분쟁에 관한 협의 시, "도급계약을 하고 공사를 진행 중 여차여차한 사정으로 공사가 중단되어…" 라고 할 경우, 거의 대부분 공사 중단 시까지의 기성고 산정에 대한 감정으로 판단해도 무방할 것이다.

그럼 기성고 산정 감정에 대해 일반적인 원칙이 되고 있는 대법원의 판례를 보면 다음과 같다.

*** 대법원 판례(1995.6.9 94다29300)**

'공사를 완성하지 못한 채 공사도급 계약이 해제되어 기성고에 따른 공사비를 정산하여야 할 경우 특별한 사정이 없는 한 그 공사비는 약정 총공사비에서 막바로 미시공 부분의 완성에 실제로 소요될 공사비를 공제하여 산정 할 것이 아니라 기성부분과 미시공 부분에 실제로 소요되거나 소요될 공사비를 기초로 산출한 기성고 비율을 약정 공사비에 적용하여 산정 하여야 하고 기성고 비율은 이미 완성된 부분에 소요된 공사비에다가 미시공 부분을 완성하는데 소요될 공사비를 합친 전체 공사비 가운데 이미 완성된 부분에 소요된 비용이 차지하는 비율이다'

참조조문 : 민법 제664조, 제665조, 제673조.

참조판례 : 88다카32470(1989.12. 26), 91다42630(1992. 3. 31),
93다25080(1993. 11. 23).

위 판례는 기성고 산정에 대해 간단명료하게 정리해 놓은 판례로, 기성고 산정을 위해서는 현재까지의 기성율(기성고 비율), 즉 전체 공사비(이미 완성된 부분에 소요된 공사비+미시공 부분을 완성하는 데 소요될 공사비)에 대한 이미 완성된 부분에 소요된 공사비 비율을 산정 후, 이 비율을 도급계약금액(약정 공사비)에 곱하여 기성 공사비를 산정하는 것이다.

일반적인 건축 통례로 볼 때 지극히 당연한 기성고 산정 방법이나, 위의 판례에서도 **<u>'약정 총공사비에서 막바로 미시공 부분의 완성에 실제로 소요될 공사비를 공제하여 산정 할 것이 아니라'</u>** 고 명시를 할 만큼 가끔 감정인이 이미 완성된 부분에 소요된 공사비와 미시공 부분을 완성하는 데 소요될 공사비 산정 시 오류를 범하는 경우가 있어, 위 판례의 원칙을 잘 이해하여 기성고 감정을 하여야 한다.

그럼 이를 기준으로 기성고 산정 감정 방법에 대해 정리해 보자.

1) 자료 수집

① 공사비 내역서

기성고 감정을 위하여는 일차적으로 전체 공사비를 산정하여야 하므로, 가능하다면 계약 시 첨부된 공사비 내역서를 수집하여야 한다. 만일 이 내역서가 없다면 전체공사비 내역서를 별도로 작성하여야 하므로 다소 내역서 작성 등의 번거러움도 발생할 수 있지만, 그보다는 미시공 부분의 재료 파악, 각 공종의 공사비 단가나 공사량 파악 등 전체 공사의 흐름을 파악하는 데 매우 도움이 되므로, 가능하다면 공사비 내역서를 수집하는 것이 매우 바람직하다.

② 설계도면

본 공사를 위한 설계도면을 수집하여야 하는데, 이 설계도면은 계약 시 첨부된 계약 설계도면보다는 공사용 설계도면의 수집이 더욱 중요하다.

왜냐하면 기성고 산정은 일반적으로 추가 혹은 변경공사 부분이 발생하는 경우가 많기 때문이다.

추가 혹은 변경공사 부분에 대한 기성율 산정에 관하여는 '기성율 산정' 항에서 자세히 다루도록 하겠다.

③ 계약서

일반적인 기성고 산정 시 감정인이 계약서를 참고할 필요는 많지 않으나, 계약서에 명시된 계약금액을 확정하여야 하기 때문에 공사도급계약서를 확보하는 것이 바람직하다. 계약서가 존재하지 않는 경우는 '계약금액 확정' 항에서 자세히 다루도록 하겠다.

④ 기타

철거공사가 있는 경우는 철거 현황, 공사 중단 시까지의 기성금액 청구내역이 있는 경우 기성금액 청구내역서 등 공사 시 제시되었던 자료 일체를 가능한 범위에서 확보해 놓는 것이 바람직하다.

2) 현장 조사

기성고 산정 시 현장 조사는 공사 중단 시까지의 이미 완성된 부분에 소요된 공사비를 산정하여야 하므로, 공사 중단 시까지 공사가 완료된 부분의 파악이 가장 중요하다.

예를 들어 콘크리트 타설공사는 몇 층 어느 부분까지 완료되었는지, 조적(벽돌)공사는 몇 층까지 완료되었으며, 그 층까지 100%완료되었는지, 흙막이 공사는 완료되었는지, 완료되었다면 흙막이 자재의 철거는 되었는지, 콘크리트 타설공사 중이었다면 설비 배관 및 전기 배관의 공사 진행 상황 등과 같이 공사 완료부분을 설계도면에 표시하는 방법 등으로 면밀히 확인하여야 한다.

기초 하부의 잡석다짐과 같이 현장 조사 당시 파악이 불가능한 부분은 당사자 양측의 의견을 듣고, 현장 여건 등을 참조하여 설계도면과 일치하는지 여부를 정확히 파악하여야 이미 완성된 공종의 누락으로 인한 실수가 발생하지 않을 것이다.

현실적으로 공사 시 추가공사나 변경공사가 종종 발생하는데, 이에 대한 현장 조사가 부족할 때 설계도면을 기준으로 감정하여 이 부분이 누락되는 경우가 종종 발생하는데, 이 변경부분은 당사자 양측이 항상 첨예하게 대립하는 부분이므로, 특히 당사자 양측의 주장을 경청하고, 참고 자료 등을 통하여 정확히 확인을 하여야 한다.

필자는 호텔 신축공사 중 중단된 공사에 대한 기성고 감정 시 설계도면에 명시되어 있지 않고 추가로 공사된 흙막이용 어스앵커를, 현장 조사 당시 동절기로 눈과 함께 얼음이 얼어 파악을 못하고 감정서를 작성하던 중 건설사 측에서 제시한 자료에 어스앵커 공종이 있어, 양측 당사자에게 재차 확인 후 현장이 매우 먼 곳이었으나 현장 조사를 재실시 후 감정서를 보완한 경험이 있는데, 어스앵커의 공사비는 당시 전체 공사비에 영향을 줄만큼 큰 금액이었던 것으로 기억되므로, 항상 변경부분이나 추가공사에 대해 현장 조사 시 필히 염두에 두어야 한다.

3) 기성율 산정

공사 중단 시까지 완성된 건물을 기준으로 몇 % 공사가 진행되었느냐 하는 것이 기성율이며, 도급계약금액에 대해 이 기성율, 즉 공사 진척 비율을 곱하여 나오는 금액이 기성 공사비(기성고)이므로, 기성율 산정이 기성고 산정 감정의 가장 중요한 업무이다.

기성율 산정에 대해 간단히 정리해 보면, 다음과 같다.

기성율(%)=(이미 완성된 부분의 공사비÷건물을 완성하는 데 소요되는 총공사비)X100%

예를 들어, 건물을 완성하는 데 소요되는 총공사비가 100원이고, 공사 중단 시까지 이미 완성된 부분의 공사비가 60원이면 기성율은 60%인 것이다.

매우 간단한 산술이며 공사 현장에서 일상적으로 사용하고 있는 방법이나, 감정서 작성 시 기성율에 대한 정확한 인식이 부족하거나, 기타의 여건으로 인하여 종종 오류가 발생하는 경우가 있어 필자의 경험을 바탕으로 범하기 쉬운 오류에 대해 논하고자 한다.

(1) 기성율 산정 시 각 공사비의 조건은 동일하여야 한다.

기성율은 공사 중단 시까지 이미 완성된 부분의 공사비와 건물을 완성하는 데 소요되는 총공사비의 비율로 나타나는데, 비율의 산정 시 분자와 분모의 조건은 동일하여야 하는 것은 이미 초등학교 시절부터 배워 온 바 있다.

그런데 이 기초적인 산수를 무시하고 이미 완성된 부분의 공사비와 건물을 완성하는데 소요되는 총공사비의 조건을 달리하는 경우가 있다.

그 예로 서울지방법원 모 부장 판사는 〈건설소송상 감정의 문제점과 개선방안〉이라는 글에서 "기성고 감정을 하면서 기성 부분의 공사대금은 공사 중단 당시의 건설물가에 의하였으나 미시공 부분의 대금은 감정 당시의 건설물가에 의하여 산출하여 기성율을 계산하였다. 양 물가의 기준시기가 틀리므로 위 기성율은 부당함이 명백하다" 라고 감정인의 부당한 감정서 작성을 이야기하고 있는데, 만일 상기와 같이 감정서를 작성하였다면 감정인은 분자인 공사 중단 시까지 이미 완성된 부분의 공사비와 분모인 건물을 완성하는 데 소요되는 총공사비의 조건을 달리한 초보적인 산수의 기본 원칙을 무시한 것이라 보인다.

아마 당시 감정인은 기성부분(공사 중단 시까지 이미 완성된 부분의 공사비)은 과거에 시공되었으며, 미시공 부분은 추후에 시공할 것을 염두에 두어 공사비 산정 시점을 달리한 것으로 보이나, 만일 이렇다면 한 건물에서도 콘크리트를 1월에 타설한 단가와 12월 타설 단가가 달라야 하며, 모든 공종의 시공 시기에 따라 단가를 달리하는 거의 불가능한 공사비 내역서가 작성되어야 한다.

그러나 공사비 도급계약은 계약시점을 기준으로 도급계약금액이 확정되므로 상기와 같이 각 공사비의 조건을 달리하는 감정은 발생하지 않아야 할 것이다.

여기서 '당시의 건설물가' 라는 표현이 나오는데 본 책에서는 공사비 산정시점이라 표현하였으므로 참조하기 바라며, 일반적인 기성고 산정인 경우는 이미 완성된 부분의 공사비와 건물을 완성하는 데 소요되는 총공사비 산정 시점을 도급계약일을 기준으로 하는 것이 통례이나, 만일 공사 기간이 길어 도급계약서에 물가상승분을 적용하라는 명기가 있는 경우는 공사비 산정 시점에 대해 소송인 경우 재판부나 혹은 당사자 양측과 충분히 협의 후 공사비 산정 시점을 확정하여야 한다.

이 외에도 완성된 공종의 공사량, 각 공종의 단가 등 모든 공종의 조건이 일치하여야 각 공사비의 조건이 동일할 수 있음을 명심하여야 한다.

필자의 경우는 공사비 산정 시점을 도급계약일로 하여, 일단 전체 공사비를 산정한 후 이 전체 공사비에서 미시공된 부분을 제하여 이미 완성된 부분의 공사비를 산정하고, 이를 기준으로 기성율을 산정하고 있다.

이 방법은 각 공사비의 조건이 동일해지는 데 매우 적절한 것으로 판단된다.

한편 위 대법원 판례에서도 이미 완성된 부분의 공사비와 미완성 부분을 완성하는 데 소요될 공사비라고 언급하고 있으며, 일반적인 민사소송인 경우에 감정 신청서 상 이미 완성된 부분의 공사비와 미완성 부분을 완성하는데 소요될 공사비는 얼마이며, 이에 대한 기성율 산정을 요구하는 경우가 대부분인데, 감정 신청 내용에 준하여 감정 결과를 작성하는 것이 원칙이므로 필자도 이에 준하여 감정 결과를 작성한다, 그러나 일반적 건축 통례를 본다면 미완성 부분을 완성하는 데 소요될 공사비 산정보다는 전체를 완성하는 데 소요될 총공사비와 이미 완성된 부분의 공사비 산정을 요구하는 것이 타당하다는 것이 필자의 소견이다.

아마 이런 관행은 초기 기성고 산정에 관한 감정 시나 대법원 판례 작성 시 건축 관련자의 자문 없이 작성되어 현재까지 관행으로 사용된 것으로 추측되는데, 만일 미완성 부분을 완성하는데 소요될 공사비가 소송과정에서 꼭 필요한 것이 아니라면 수정하여 시행하는 것이 바람직하다고 생각된다.

(2) 제시된 공사도급 내역은 어떻게 반영하여야 하는가?

기성율 산정을 위한 내역서 작성 시 당사자 양측에서 제시된 내역서 상의 단가, 공사량 및 총 도급금액이 적용되어야하는가? 하는 의구심을 필자는 항상 갖게 된다.

만일 이 경우 제시된 내역서를 적용한 전체 공사비 – 공사량 및 단가를 포함하여 – 를 산정한다면, 일단 내역서 작성의 수월성은 인정할 수 있으며, 가장 현실적인 내역서 작성도 가능할 것이다. 그러나 제시된 내역서에서의 오류(일부 의도된 오류도 포함한다)의 발견이 어려울 수 있다.

모든 제시된 내역서에 오류가 포함된 것은 아니겠지만 복잡한 내역서 작성 시 의도하였든, 실수였든 오류가 발생할 가능성은 다분히 있으며, 이럴 경우 감정인이 그 오류를 감정 시 발견하여 내역서를 작성하여야 미세한 기성율의 차이일지라도 정확한 감정이 가능하다. 또한 차후 이미 완성 부분의 공사비 산정 시 공종 중 일부분이 미완성된 부분이 있다면, 그 공종만의 완성 부분과 미완성 부분에 대한 공사량 산출 시 꼭 필요하기 때문이다. 이런 과정을 거쳐야 감정인도 전체 공사의 흐름에 대한 파악을 수월하게 할 수 있을 것이다.

예를 들어 조적(벽돌)공사가 100% 완료되지 않은 경우, 제시된 내역서에 총 벽돌량이 100매라 가정하여 보자. 그런데 감정인이 이미 완성된 벽돌량을 산출하여 보니 70매가 시공된 상태라면 조적공사만의 기성율은 70%일까? 이건 상기 항의 '조건이 동일하여야 한다' 에 위배된다.

왜냐하면 감정인이 미완성 부분의 벽돌량까지 산정하여 전체 벽돌량을 산정하여야 '조건이 동일하여야 한다' 에 부합되는 것이다. 그러므로 최소한 단일공종이 100% 완료되지 않았다면, 감정인은 그 공종만이라도 전체 공사량을 산출하고, 미완성 부분을 제거하여 이미 완성된 부분의 공사량을 산정하여야한다.

상기 예처럼 제시된 내역서에 총 벽돌량이 100매라 가정하고, 감정인이 이미 완성된 벽돌량을 산출하여 보니 70매가 시공되었으나, 일반적으로 공사량 산출은 산출자에 따라 허용오차 범위 내에서 약간의 차이를 보이기 때문에 미완성 벽돌량은 30매가 산정될 경우는 매우 드물다. 만일 감정인이 산출해 보니 예를 들어 35매가 산출되었다면 총공사 벽돌량은 105매, 이미 완성된 벽돌량은 70매로 조적공사의 기성량은 66.7%가 산정된다.

기성율은 모든 공종의 내역이 합산되어지므로 상기와 같이 한 공종에서 오차가 발생하였다면, 이 오차가 누적되어 실제와 다른 결과가 산출될 수 있기 때문에 가능한 한 미완성된 부분의 공종에 대한 공사량 산출은 충실히 할 필요가 있다.

그리고 공사 단가 산정 시 제시된 내역서의 단가를 그대로 적용하여야 하는가? 하는 문제인데, 제시된 내역서에는 지극히 현실적인 단가가 적용되어 있으므로 현실적인 단가의 적용에 대해 필자도 항상 고민하고 있지만, 분쟁을 조정하는 감정의 의미를 볼 때 설치에 소요된 품의 산정은 표준품셈, 인건비는 대한건설협회에서 조사 발표한 각 연도별 시중노임단가, 자재의 단가는 해당기간의 물가정보 실수요자 가격을 적용하는 등 객관적인 자료를 기준으로 단가를 적용하는 것이 바람직하나, 이럴 경우 단가의 품에 대하여는 제시된 내역서와 비교, 검토하여 현실적으로 일부 조정하여 적용하는 것이 바람직하다.

사실 기성율 산정은 비율을 산정하는 것이므로, 경우에 따라 미세한 증감은 생길 수 있으나 필자의 경험상 단일 공종 단가는 크게 의미가 없다고 본다.

그러나 이 의미를 이해하지 못하는 당사자들 중 일부는 실제 공사와 단가가 상이하다며 감정서를 신뢰하지 못하겠다고 하는 경우가 종종 발생하는데, 이때 객관적인 자료를 기준으로 단가를 일부 현실적으로 조정하여 적용하였다고 주장할 수 있기 때문이다.

그러기 위해서는 최소한 이미 공사가 된 공종 혹은 문제가 될 만한 공종에 대한 일위대가는 직접 작성하여 반영, 제시할 필요가 있다.

그럼 기성율 산정 시 모든 내역을 산출하여야 하는가? 필자의 경험으로는 그럴 필요는 없다고 생각한다.

중단된 공사의 경우, 일반적으로 미완성 부분은 마감공사, 설비 및 전기공사 등으로 이 공종은 자재에 따라 공사비의 변화 폭이 매우 크며, 아직 시공되지 않은 자재에 대해 아무리 건축 전문가인 감정인이라 하더라도, 정확한 자재에 대한 내역 작업은 부정확할 수밖에 없으므로, 미완성된 부분에 대한 내역은 제시된 내역 검토 후 타당하다면 반영하는 것도 바람직하다는 것이 필자의 견해이다.

감정인이 감정 당시 상황을 적절히 파악하여 내역 작업의 범위를 결정하는 것이 바람직 할 것 같다.

필자의 예를 보면, 흙막이 및 터파기공사 일부만 진행된 채 중단된 대규모 공장의 기성율 산정에 대해 법원에서 감정인으로 선임되었던 경험이 있는데, 필자는 재판부 및 원고와 피고 양측에 향후 공사될 공장 건축 부분에 대한 내역 작업은 현 상황에서 무의미하므로, 건축 부분은 제시된 내역을 그대로 적용하고 흙막이 및 터파기공사인 토목공사 부분에 대해서만 이미 공사된 부분과 미완성 공사에 대한 내역 작업을 하여 제시된 내역서의 건축 부분을 포함하여 기성율을 산정하겠다고 밝히고, 이를 감정서 상 공사비 산정에 대한 의견에 명기하고 감정 작업을 한 적이 있다.

이렇게 작업하니 감정서 작성 시간이 절약되고, 감정수수료의 절감 효과가 있어 재판부에서도 매우 만족해하였던 기억이 있으며, 어떤 의미에서는 당시의 분쟁 내용으로 볼 때 적절한 감정이라 생각하고 있다.

상기와 같이 기성율 감정을 진행하다 보면 총공사비는 도급계약 공사비와 다르게 나타날 수밖에 없다.

필자의 경험으로는 필자가 산정한 총공사 금액이 도급계약 금액보다 항상 많이 산정되는 것을 경험하는데, 이는 계약 시 공사금액을 일부 할인해 주는 관행 등 현실적인 건축 도급공사 계약 과정을 이해한다면, 도급계약금액보다 감정인이 산정한 총공사 금액이 많을 수밖에 없는 것이 현실적이다.

즉 감정인이 작성한 총 공사금액은 감정인이 당 공사를 진행할 시 산정되는 총공사비이며, 이를 기준으로 기성율이라는 비율을 산정하는 과정에서 필요한 요소임을 감정인들도 충분히 이해하고, 이 점을 분쟁 당사자에게 충분히 이해시켜야 할 필요가 있다.

종종 기성율 산정에서 나타난 총공사비를 실제 당 현장 공사 시 적용할 수 있는 공사비로 이해 관계자들이 착각하여 논란이 있는 경우가 종종 있음을 참조하기 바란다.

(3) 추가공사, 변경공사의 적용은 어떻게 할 것 인가?

기성율 산정 시 공사한 부분에 변경, 추가공사가 시공되어 있다면, 혹은 미시공 부분에 추가, 변경공사를 할 예정이라면 어떻게 기성율을 산정하여야 하는가?

변경, 추가공사에 대해 이해 당사자가 합의된 경우와 그렇지 않은 경우가 있을 수 있으므로 이를 구분하여 정리하여 보면 다음과 같다.

① 당사자 양측의 합의가 된 경우

당사자 양측의 합의가 된 경우는 양측의 의견이 동일하거나, 혹은 객관적인 증빙자료가 있는 경우를 포함하여 이미 완성된 부분이라면 기성율 산정에서는 포함되어야 하며, 미완성부분이라도 기능하다면 포함시키는 것이 바람직하다.

이미 공사가 된 부분은 공사비가 이미 투입되었고 실체가 존재하므로, 이에 대한 적용은 당연한 것일 수 있으나, 당사자가 합의된 상태에서 미완성 부분은 추후 재차 변경될 가능성과 실제의 공사비가 투입되지 않은 상황이 있을 수는 있으나, 객관적으로 변경공사가 증빙될 수 있다면 포함시켜야 할 것이나, 이는 일반적인 경우이고 현장 여건상 감정인이 적절히 판단하여 대처해야 할 사항이다.

어떠한 경우라도 기성율 산정에는 아무 문제가 없으나, 만일 반영한다면 하기에서 다룰 계약금액의 변경이 수반되어 최종 감정 사항인 기성고가 달라질 수 있는 문제가 있을 수 있으므로, 이에 대해서는 다음 도급계약 금액 확정 항에서 다루도록 하겠다.

② 당사자 양측의 주장이 다른 경우

상기와 같이 변경, 추가 공사의 부분이 미완성 부분이라면 고려하지 않을 수 있으나, 이미 완성된 부분이라면 어떻게 적용하여야 하는가?

만일 감정인이 일반적인 건축통례에 따라 정확히 판단할 수 있는 상황이면, 판단에 따라 적용하여주는 것이 건축 전문가인 건축 감정인의 기본자세이다.

그러나 필자의 경험으로 보면 정확한 판단이 어려운 경우가 더욱 많고, 항상 분쟁의 소지가 이 부분에서 발생하는 경우가 빈번하다.

일반 합의를 위한 감정이라면 당사자 양측으로부터 신뢰감이 있는 감정을 진행하는 것이 매우 어려우므로, 필자의 경험 상 현실적으로 건축 감정을 진행하기에는 불가능하다고 생각되며, 가능하다면 양측의 합의된 의견을 찾는 것이 최선의 방법일 것이다.

법원에서 선임된 감정에서 원고와 피고 양측의 주장이 상반된 경우는 감정인이 1차 판단하여 적용하되, 판단이 어려운 경우는 양측의 주장에 대해 기성율을 원고와 피고 측 주장을 기준으로 각각 산정하여 재판부가 정황을 고려하여 판단할 자료를 제시해 주는 것이 적절하다고 생각된다.

기성율 산정뿐 아니라 소송 감정의 경우 원고와 피고 측의 주장이 상반되는 경우 원고와 피고 측 주장을 각각 산정하는 감정은 적극적으로 활용해 볼 수 있는 방법이다. 이 원고와 피고 측 주장을 각각 산정하는 감정 시는 필히 감정서 상 공사비 산정에 대한 의견에 원고와 피고의 주장이 상반되므로 그 상반된 부분이 무엇인지 필히 명기하여야 한다.

(4) 가설 공사비는 어떻게 적용하여야 하는가?

가설공사란 직접적으로 건물을 구성하는 요소, 즉 시공되어지는 실체가 아니라 현장을 유지하거나, 건축물을 시공하기 위해 설치 후 철거되는 공정을 말한다.

예를 들어 공사를 위해 임시로 설치되는 가설담장, 가설사무소, 가설비계 등과 같이 공사 완료 후 철거되는 가설재, 현장을 유지하기 위한 전기, 수도비용, 일부공종의 시공을 위한 비계, 동바리 등 및 각종 자재 보양을 위한 보양재와 현장정리, 청소비 등이 있다.

그런데 이 가설공사는 각 항목마다 별도의 특징이 있어, 이 항목에 대한 설명과 기성율 산정 시 적용 방법을 보면 다음과 같다.

① 현장을 유지하기 위한 가설재 : 가설담장, 가설사무소, 이동식 화장실 등

이 가설재는 일반적으로 공사 기간 중 자재를 임대하여 설치하고 현장 준공 후 반납하는 자재이다. 이 가설재가 현장에 설치되어 있을 경우에 설치되어 있다는 이유로 100% 기성율을 인정하는 것은 무리가 있다고 생각된다.

이 가설재는 공사 기간을 기준으로 임대한 것이므로 전체 공사기간에 대해 공사를 시행한 기간의 비율을 적용하던가, 혹자는 기간보다는 순공사비의 기성율을 적용하는 것이 타당하다고 보는데, 어느 방법을 적용할지는 감정인이 현황을 판단하여 적용하기를 권하는 바이다.

설치되어 있다는 상황만으로 기성율 산정 시 100% 적용하는 것은 기성율 산정의 의미를 생각할 때 매우 무리가 있다는 생각이다.

특히 일부 건설사에서 본 가설재가 설치되어 있다는 이유로 100% 기성율을 요구하는 경우가 종종 있는데, 상기 내용을 충분히 이해하여 적용하기 바란다.

혹은 공사 중단 후에도 계속 설치되어 있다는 이유로 더욱 많은 기성율을 요구하는 경우는 기성율의 의미인 공사 중단 시까지 기 시공된 공사비의 의미를 고려하여, 공사 중단 이후에 대한 경비에 대해서는 적용하지 않는 것이 원칙임을 참고하기 바란다.

또 타워크레인과 같이 설치비가 과다하게 요구되는 경우 설치비와 위에서 언급한 바와 같이 임대료 등의 인정은 가능하나, 이 경우 해제가 되지 않았으므로 해체비용은 미시공 부분으로 보아 미완성 부분을 완성하는 데 소요되는 공사비로 적용하여야 할 것이다.

이는 이와 유사한 기타 가설재 모두에 적용해 봄직하다.

② 임시 전기 및 수도 사용료

본 항은 일반적으로 월별로 산정이 가능하므로, 공사기간을 기준으로 기성율을 적용하는 것이 일반적일 것이다.

③ 측량비 및 구조안전진단비 등

이미 실시한 부분에 대해서는 이미 공사된 부분으로 인정해 주어야 한다.

예를 들어 착공 시 실시하는 경계측량은 이미 완성된 부분으로 산정하고, 공사가 중단되었으므로 준공 시 실시하는 현황측량은 실시되지 않았으므로 미완성 부분으로 보는 것이 타당하다.

④ 각종 비계, 동바리, 보호막 등 가설재

본 가설재는 각종 공종을 시공하기 위한 가설재이므로 해당 공종의 기성율을 적용한다.

예를 들어, 콘크리트 거푸집을 지지하는 동바리의 경우라면, 콘크리트 타설 공사의 기성율을 동바리의 이미 완성된 부분의 공사비로 인정하는 것이 타당할 것이다.

⑤ 건축물 현장 정리, 먹매김 등

본 공종은 건물의 연면적을 기준으로 적용되는 공종이므로, 이 경우는 공사 중단 시까지의 기성율을 적용하는 것이 일반적이라 생각된다. 그러나 이 경우 건축물 현장정리에 대해서는 이견이 없으나, 먹매김에 대해서는 일부 이견이 있기도 한 사안이므로, 감정인이 적절히 상황을 고려하여 판단하기 바란다.

⑥ 콘크리트 보양비, 석재, 타일 보양비

본 보양비는 콘크리트 타설 후, 혹은 타일과 석재 시공 후 각 자재의 성능을 유지하기 위해 투입되는 공사비로, 각 공종의 순공사비 기성율을 적용한다.

⑦ 준공청소비

준공 청소는 사용자가 입주 전 실시하는 청소로, 기성율 산정을 요하는 감정에서 이 공종이 기 실시되는 것은 불가능하므로, 이미 공사된 공사비 산정에서는 제한다.

(5) 현장 조사 시 파악이 불가능한 공사 부분에 대해서는 어떻게 하여야 하나?

현장 조사 시 파악이 불가능한 부분은 보통 이미 완료된 철거공사, 기초 하부의 잡석다짐 및 이미 해체되어 버린 흙막이 공사 등 매우 다양하다.

이중 철거공사의 경우는 당 공사를 하기 전 건물을 철거한 부분이므로, 기성율 산정을 위한 감정의 현장 조사 시 파악은 철거 당시 사진 정도인데, 이를 기준으로 철거 공사비를 산정하는 것은 거의 불가능하다.

이럴 경우는 양측의 의견을 충분히 청취하고 제시된 내역서의 철거량을 참조하여, 감정인이 일반적 건축 통례를 참조하여 철거 공사량 등을 판단하고, 이가 불가능할 시는 상기에서 언급한 원고와 피고 측 주장을 각각 산정하는 방법을 적용해 봄직하다.

기초 하부의 잡석다짐 및 이미 해체되어 버린 흙막이 공사 등 제시된 설계도면에 명시된 자료가 있는 경우는 양측의 의견을 충분히 청취하고, 설계도면과 비교 검토 후 적용하기를 바란다.

(6) 제경비 및 이윤의 산정 방법은 어떻게 하여야 하나?

사실 기성율은 비율이므로, 제경비 및 이윤을 산정하여 적용하는 것이 특별한 의미는 없을 것으로 보이나, 제시된 계약 공사비와 산정 총공사비의 비교 등을 위해 제경비 및 이윤을 적용하여 산출하는 것이 바람직하다 생각한다.

내역서가 제시되어 있다면 당 내역서 원가계산 방법을 준용하는 것이 바람직하며, 감정인이 별도로 현실에 맞게 작성하여 적용하여도 별 무리는 없을 것으로 보인다.

아래 원가계산 항에서 언급한 바와 같이 원가계산은 순공사비에 따라 각 항목이 일정 비율로 변동되어 적용되는데, 만일 건설사가 일부 보험료를 모두 완납하였다고 보험 납입증명서 등을 제시할 경우는 어떻게 적용하여야 할까?

필자가 실제로 경험한 사안으로, 필자는 그 보험료가 공사가 중단되었더라도 미시공 부분에 대해 반납이 불가능하다는 사실을 확인하였으나, 이 보험료는 추후 제3의 건설사가 새로이 공사를 시작할 경우 승계가 가능할 수 있다는 전제로, 본 보험료 전체 금액에 대해 기성율을 적용하였다. 그리고 이를 공사비 산정 의견에 명시하였던 기억이 있으므로 참조하기 바라나, 보험료에 관하여는 적절히 판단하여 적용할 것을 권하는 바이다.

또한 이윤은 15% 이내로 하라고 명기되어 있는데, 만일 15%를 적용할 시 건물주는 왜 최고 비율로 적용하냐고 항변하는 경우가 종종 있는데, 이 또한 기성율은 비율임을 충분히 인지하여 대처하기 바란다.

4) 도급계약금액 확정

상기의 기성율은 궁극적으로는 도급계약금액(이하 계약금액)에 기성율의 비율만큼의 기성공사금액을 산정하는 것이 목적이므로, 도급계약서 상의 도급계약금액을 확인하여 확정하여야 한다.

그런데 도급계약서가 작성되지 않았거나, 도급계약서 상의 공사범위가 변경되어 도급계약금액의 확정이 어려운 경우는 어떻게 하여야 하나? 필자가 경험한 몇 가지 경우를 기준으로 보면 정리해 보면 다음과 같다.

(1) 도급계약서가 작성되지 않은 경우

일반적으로 소규모 공사의 경우 도급계약이 이루어지지 않은 상황에서 건물 평당 얼마라고 양측이 구두로 합의 후 공사가 진행되는 경우가 종종 발생한다.

만일 양측의 구두 합의 계약금액에 대한 주장이 일치한다면 이를 적용하여도 무난할 것이다.

그런데 양측의 계약금액에 대한 주장이 상충된다면,

첫째는 계약금액이 확정되지 않았으므로 기성고 산정은 불가능하며, 단지 기성율에 대해서만 제시가 가능하다.

둘째는 법원에서 지정된 감정의 경우인데, 기성율에 대해서 감정 신청을 하는 경우가 있으며 이럴 경우는 감정이 가능하나, 기성고 산정을 원하는 경우는 상기에서 언급한 양측에서 주장하는 도급계약금액에 대한 기성고를 각각 산정하고, 이를 공사비 산정의 의견에 필히 명시하여야 한다.

(2) 도급계약 금액이 변경되었을 경우

도급계약이 이루어졌더라도 공사를 진행하는 과정에서 양측이 합의하여 변경공사가 진행되었고 변경 공사비가 확정되어 있다면, 기성고 산정은 가능하다. 그러나 보통은 변경공사는 합의가 되었으나, 변경 공사비가 합의되지 않은 경우가 대부분으로 이럴 경우에 대해 정리해 보면 다음과 같다.

가. 변경 공사비의 산정이 객관적으로 불가능한 경우는 기성율만을 산정할 수밖에 없다. 그러나 법원에서 수임된 감정의 경우 변경도급계약금액에 대해 재판부에서 판단할 수 있으므로, 기성율 산정에 대한 감정으로 가능할 수 도 있으나, 양측 합의 시 필요한 감정에서는 기성율만의 산정 감정은 거의 무의미하다.

필자는 양측 합의를 위한 감정에서 지상 2층으로 도급계약된 공사가 공사 중 3층으로 변경되어 3층 골조공사 중 중단된 공사의 기성고 감정을 의뢰 받았으나 도급계약금액이 확정되지 않은 상황에서 기성율만은 의미가 없다는 것을 충분한 설명 후 공사 중단부분까지의 투입된 공사비에 대한 감정을 진행한 바가 있다.

단, 이 경우 도급 단가와 공사비 산정 시점에서 기성고 산정과는 일부 적용에 상의한 부분이 있으므로 이에 대하여는 아래 '투입 공사비' 항에서 별도로 다루도록 하겠다.

나. 감정인은 건물 공사비 분쟁에 대한 객관적인 공사비를 가능한 범위에서 최대한 제시하여야 하는 책임을 갖는다는 입장에서 볼 때, 만일 변경공사 부분에 대한 공사비를 객관적으로 산정하는 것이 가능하다면 계약 공사비에 변경 공사비를 반영한 공사비를 도급계약 공사비로 변경 확정하여 기성고를 산정하는 것이 바람직하다.

이럴 경우 필히 감정 결과 및 공사비 산정의견에 명시하여, 당사자가 합의 시 혹은 재판부에서 판단을 정확히 할 수 있도록 하여야 객관적이고 필요한 감정서가 되리라 본다.

필자는 평당 얼마라고 구두 계약된 소규모공사의 경우, 건물 연면적이 증가되어 공사 중 공사가 중단된 기성고 감정에서 계약금액을 계약 당시의 구두 합의 계약금액이 아닌 변경 연면적에 합의된 평당 공사비를 곱하여 도급금액을 확정하여 기성고를 산정한 경험이 있다. 객관적으로 감정인이 판단하여 볼 때, 기 시공된 자재가 일부 변경된 경우, 일부 공종이 추가, 변경된 경우와 같이 일반적인 건축 통례로 볼 시 객관적인 판단이 가능한 경우는 적용하여 감정서를 작성하는 것이 바람직하다.

그러나 일반적 건축 통례로 볼 때 당 변경 부분의 변경 공사비가 정말 객관적인가? 하는 반문은 항상 필요함을 명심하기 바란다.

5) 기성고 산정

다시 기성고 산정 감정에 대해 정리해 보면 다음과 같다.

■ **기성율 산정**

기성율(%) = (이미 완성된 부분 공사비 ÷ 총공사비) X 100%

총공사비 = 이미 완성된 부분 공사비 + 미완성 부분을 완성하는 데 소요될 공사비

■ **기성고 산정**

기성고 = 기성율(%) X 도급계약금액

위 정리는 대판례 판례에 기성율(기성고 비율)에 대한 정확한 해석과 이에 따른 계약도급금액(약정 공사비)의 비율 적용에 대해 명시된 것을 정리한 것이다.

기성율은 본 항에서 충분히 다루었으므로 논외로 하고, 일반적인 건축 통례로 볼 때 감정 시 당연히 계약도급금액의 비율을 적용하여야 하나, 이 금액에 대해 종종 오류가 발생하여 감정서의 신뢰를 떨어뜨리는 경우가 있어 다시 한 번 예를 들어 설명하고자 한다.

과거 소공동에 소재하였던 한국산업은행 철거공사 입찰 시 모 건설사가 1원에 입찰하여 낙찰된 경우가 있는데, 이 공사에 대해 철거공사가 중단되어 기성고를 산정한다고 가정해 보자.

당시 모 건설사는 본 은행건물에 사용되었던 외벽의 적벽돌을 철거 후 되팔 경우, 파벽돌로서의 경제적 가치가 충분히 있다고 판단하여 상기와 같은 입찰을 하였다고 기억된다. 이 경우 철거공사가 중단되어 기성고 산정을 가정할 시, 이미 철거된 공사비는 8억원, 미철거 부분을 철거하는데 소요될 공사비는 2억 원이 산정되어 기성율은 80%라고 가정할 때 이 건설사에 공사 중단 시 지불할 공사비는 얼마일까?

지불할 공사비는 8억 원이 아닌 당연히 1원에 대한 기성율 80%인 0.8원만 지불하면 된다.

당연한 이야기지만 기성고 감정 시 절대 오류가 없기를 바라는 마음에서 다시 언급함을 이해바란다.

■ **공사비 산정 시점**

이미 공사된 부분의 공사비, 미완성 부분을 완성하는 데 소요될 공사비와 총 공사비 등 모든 공사비의 산정시점은 동일하여야 하며, 일반적으로 공사도급계약 시점을 기준으로 공사비를 산정하는 것이 원칙이다.

3. 기성고 산정에 관한 감정 실례

다음은 필자가 경험한 기성고 관련 감정에 대한 실례를 몇 가지 정리하였으니, 기성고 관련 감정 시 참고하기 바란다.

사례1. 기성율 산정만 시행한 감정

* 감정의뢰자 : 수도권 소재 모지방법원

* 감정 신청 내용

본 감정은 피고(건설사)가 공사를 중단하여 원고(건축주)가 다른 공사자에게 공사를 맡겨 공사를 하기 전의 상태를 찍은 사진 및 비디오에 나타난 내용을 종합하여 볼 때 공사가 중단되어 있는 당시 이전 공사의 기성율은 얼마인지에 관한 감정이었다.

* 감정 당시 현황

본 공사에 대한 도급계약은 이루어지지 않았으며, 원고 측에서 제시한 자료에 의하면, 연면적 73평에 대해 평당 건축비 250만원으로, 총 1억 8천 250만원(이하 '추정도급금액')으로 구두 합의하였다고 하나, 피고 측은 이 도급금액에 대한 합의 금액이 다르다고 주장하고 있어, 도급계약금액이 확정되지 않아 본 감정은 기성고에 대한 감정이 불가능하여 기성율 산정에 관한 감정을 신청한 것으로 파악되었다.

아울러 원고(건축주)는 공사 중 피고(건설사)에게 '추정도급금액'의 80%에 해당되는 공사비를 기 지급한 상태로 피고 측은 반환할 공사비가 없다는 주장이며, 원고 측은 중단된 부분까지의 공사가 원고 측 추정으로 약 51% 진행되었으므로, '추정도급금액'의 31%를 반환해 달라는 손해배상청구에 관한 소송으로 확인되었다.

일반적으로 기성고 혹은 기성율 산정에 관한 감정 신청은 건설사가 원고인 경우가 대부분인데, 본 사건은 건축주가 원고인 것과 공사대금 청구소송이 아니라 손해배상 청구소송인 점이 이해가 되었다.

* 감정 진행 사항

현장 조사 시 원고 측에서 제시한 사진과 비디오가 충실하여 기성율 산정이 어렵지는 않았지만, 일부 마감재가 제시 설계도면과 다르게 시공되어 있는 것이 확인되어 이 마감재의 변경이 현재 시공되는 건물에 일반적인 통례인가를 확인하여 본 바, 변경 시공이 타당하다고 판단하여 변경 시공 부분을 적용하여 총공사비를 산정하였다.

아울러 이미 완성된 철근콘크리트 정화조 내의 중간벽이 철근콘크리트가 아니라 0.5B 시멘트 벽돌로 시공되어 있어 이 간벽을 철거하고, 그 내부에 FRP 정화조를 설치하였다는 사진을 원고 측에서 제시하였고, 본 정화조 간벽이 시멘트 벽돌로 시공되면 정화조의 고유기능이 절대적으로 상실된다고 판단하여 정화조의 설치가 완료되었더라도 정화조의 기성율을 100% 인정하지 않고, 터파기 등만을 인정한 정화조 기성율을 적용하였다.

위와 같이 적용하여 공사비 산정 시점을 공사 착공 시점을 기준으로 하였으며, 내역서가 제시되지 않아 필자가 공사비 산정을 직접하여 산정한 감정 결과인 기성율은 다음과 같았다.

- 본 공사를 완성하는데 소요되는 총공사비 : 1억 9천 450만원
- 공사 중단 시까지 완성된 부분의 공사비 : 1억 2천 640만원
- 기성율(기성고 비율) : 64.98%

* 감정 후기

기성율에 대해 건축주는 51%, 건설사는 80%를 주장하는 분쟁에서 양측 주장의 평균치인 약 65%가 산정된 것을 보고, 필자는 다시 한 번 분쟁 당사자는 항상 각자의 입장에서 주장한다는 점을 확인한 감정으로 기억된다.

사례2. 재건축 아파트 기성고 산정 증거보존 감정 신청

* 감정의뢰자 : 수도권 소재 모지방법원

* 감정개요 : 재건축 조합과 건설사가 도급계약 후 공사 중 건설사의 자금 압박으로 공사가 중단된 사건으로, 조합측은 다른 건설사에 의해서 조속한 아파트 공사 재계를 위해 재판 전 기성고 산정 증거보존 신청을 한 사건이다.

여기서 증거보존신청이란, 공사를 재계하면 공사가 중단된 시점까지의 상황 파악이 불가하므로, 조속한 공사 재개를 위해 감정인으로 하여금 현장의 공사 중단 시까지의 현장 조사를 하고, 현장 조사 완료 이후 공사를 재계하기 위한 사전 소송의 방법으로, 주로 화급하게 공사를 진행하여야 하는 공사현장의 민사소송 전에 사용된다.

감정인은 증거보존신청 감정이 접수되면 가능한 한 빠른 시점에서 현장 조사를 완료하고, 감정서 작성도 가능한 한 빨리 작성하여 제출하는 것이 바람직하다.

* 도급계약금액 확정 : 일반적으로 재개발 조합과 건설사의 재개발 아파트 도급계약 시 도급계약 금액이 확정되지 않고, 아파트 분양분에 대한 대물변제인 경우가

공사가 중단되어 기성고 산정에 대한 감정 중인 아파트 현장

있어 도급계약금액의 확정이 어려운 경우가 있으나, 본 현장은 도급계약금액이 확정되어 있었다.

그에 따라 아파트 분양분에 대한 대물변제가 명시되어 있어 무난히 기성고 감정이 가능하였으며, 필자도 증거보존신청임을 고려하여 조속히 감정을 진행하였던 경험이 있다.

만일 공사도급계약금액의 명시없이 대불변제에 의한 도급계약이 이루어졌다면 도급계약금액에 대해 건축 감정인이 판단할 수 있는 사안이 아니며, 이럴 경우 재판부에 감정평가사를 통한 대물변제 부분의 아파트 가격을 감정평가하여야 한다고 요구하고, 이 감정평가금액을 기준으로 도급계약금액을 확정하여 기성고를 산정하거나, 건축 감정인은 기성율만을 감정하여야 한다(아파트 가격의 감정평가 시점에 관하여는 충분한 검토가 필요하다).

사례3. 철거공사의 기성고 산정

* 감정의뢰자 : 수도권 소재 모지방법원

* 감정개요

본 감정은 공장신축을 하기 위한 기존공장 철거공사만을 도급계약 후, 철거공사 중 철거 공사가 중단된 사건에 대한 철거공사의 기성고 감정으로, 현장 조사 당시 이미 모든 기존 건물은 철거되었고, 신축건물이 완공되어 사용하고 있는 상황으로, 재판부에서는 철거 전 건물설계도면과 철거공사 중단 시의 사진 등을 참조하여 철거공사 기성고 감정이 가능한가를 질의하였다.

* 감정 진행 사항

본 건물은 대규모의 공장으로, 건축주는 철거공사 전의 모든 건물도면과 철거 당시의 사진 등이 충실히 보관되어 있는 상황을 확인한 후, 재판부에 이를 참조하여 감정할 수 있음을 통보하고 감정을 진행하였다.

그러나 자료가 충실하더라도 현물의 파악에는 매우 미흡하였으므로 일반적인 건축 통례를 참조하였지만, 공사량 산출 시 정확한 객관성보다는 일부분에서는 필자의 상상력에 기초한 부분이 다분히 있었다는 점을 배제하기는 어렵다. 그럼에도 필자는 가능한 범위 내에서 재판부에 객관적 판단 기준을 제시해야 한다는 의무감으로 당 감정을 진행하였던 기억이 있다.

철거공사뿐만 아니라 공사범위가 확정된 상태의 공사라면 중단된 부분까지의 공사에 대한 기성고 산정은 항상 가능하리라 판단된다.

사례4. 변경공사와 오시공에 의한 하자가 포함된 신축공장 기성고 감정

* 감정의뢰자 : 신축공장 건축주

* 감정개요

본 건은 위에서 잠시 인용한 건으로, 공장을 2층으로 도급계약을 하고 신축 중, 3층으로 변경하기로 건축주와 건설사 양측이 합의하였으나, 3층 증축부에 대해서 변경 공사비는 확정하지 않고 3층 철골 공사가 진행 중 중단된 공사에 대해 건축주가 문의하여 민사소송 전 합의하거나, 참고 자료로 사용하기 위해 진행된 감정이었다.

아울러 건축주 측에서는 공사 중단 시까지 진행된 공사 부분 중에 건물주 측에서 확인해본 바로는 오시공으로 인한 하자가 있다는 주장이었다.

* 감정 진행 사항

필자가 제시된 자료를 검토해 본 바, 3층 증축부의 객관적인 추가 공사비 산정이 불가능하여 양측에서 인정하는 변경도급계약금액을 확정할 수 없다고 판단하여 공사 중단 시까지의 투입 공사비를 산정하는 감정을 할 것을 적극 추천하여, 기성고 감정이 아닌 투입 공사비 산정에 관한 감정을 진행하였다.

아울러 건축주가 제시한 공사 중단 시까지 발생한 하자에 대해 추후 건설사 측에 미지급 공사비를 지불할 시 오시공 하자보수 공사비를 제할 수 있도록 하자보수 공사비에 대한 감정을 함께 진행하였는데, 이는 일반적으로 널리 사용되는 방법이므로 기억해두면 참고가 될 만한 사항이다.

그러나 여기서 조심할 것 가운데 첫째는 감정 시점에 관한 사항이다. 기성율 산정은 도급계약 시점을 기준으로 하여야 하나, 하자보수 공사비는 일반적으로 현재 보수하여야 한다는 원칙을 기준으로 감정 시 현장 조사 시점이거나, 재판부에서 정해주는 시점을 기준으로 하여야 한다.

둘째는 제경비 및 이윤을 산정하기 위한 원가계산 적용 방법이다. 상기와 같이 기성율 산정은 원가계산 방법이 큰 의미는 없으므로, 일반적으로 제시된 내역서를 기준으로 하면 무리는 없으나, 하자보수 공사비는 분쟁 당사자인 건설사에서 하자보수공사를 진행하는 경우는 거의 없으므로, 다른 건설사가 공사한다는 전제를 하여야 한다. 즉, 객관적인 원가계산 방법을 적용하여야 한다는 것이다.

만일 두 감정서 상 원가계산 적용이 다르다면 분명 당사자 중 한 측에서 이에 대한 불만을 분명히 제기할 것이다.

필자는 기성고 산정과 하자보수 공사비 산정이 함께 진행되는 감정의 경우 제시된 내역서의 원가계산 방법이 타당하다면 두 감정 모두 함께 적용하며, 객관적으로 모순이 있다고 판단되면 필자가 객관적인 원가계산 방법을 작성하여 두 감정 모두 함께 적용한다.

셋째는 공사가 중단된 부분까지의 오시공 범위 파악이다. 하자보수 공사비 산정 감정에서도 언급하였지만 이런 경우는 모든 공종이 완료되지 않았으므로, 추후 공사로 보완될 수 있는 미시공 부분은 포함하지 않고, 이미 완성된 부분에 나타난 객관적으로 판단되는 오시공 부분만을 적용하여야 한다.

* 감정 후기

아직도 필자는 제시된 내역을 참조하여 변경도급계약금액 및 총 공사비를 산정하여 기성율에 의한 기성고 감정을 진행하는 것이 본 분쟁을 해결하는 데 더욱 객관적인 판단 기준을 제시할 수 있었던 것이 아닐까? 하는 의구심이 드는 감정이었다.

본 감정의 경우 증축공사 부분의 공사비를 산정하여 그 증축부분 공사비에 도급계약 공사비를 합산하여 추정도급 공사비를 산정하고, 3층을 기준으로 기성율을 산정하여 추정 기성고를 산정하는 방법도 본 감정의 경우 가능한 감정 방법일 수 있을 것으로 생각되는데, 어느 방법이 분쟁의 기준 제시에 적합한 감정인지는 아직도 확신이 서지 않고 있다.

사례5. 잔여공사가 미미한 경우 기성율 산정

* 감정의뢰자 : 수도권 소재 모지방법원
* 감정개요

본 건은 건설사가 골프장 컨트리클럽에 대한 리모델링 공사를 거의 완료한 상황에서 건축주와의 공사대금에 관한 분쟁으로, 본 미완성에 대한 기성율 및 기타 사항에 대해 의뢰를 받은 감정이었다.

* 감정 진행 사항 및 후기

당시 본 사건은 준공 여부 및 하자보수공사에 대한 감정이 주된 감정으로, 미미한 잔여공사에 대한 기성율은 크게 의미가 없었으므로 모든 공사량과 내역 작업을 통하여 전체 공사비와 중단된 시점까지 투입된 공사비를 산정하는 것이 무의미하다고 판단하여, 재판부에 잔여 공사비를 산정하고 총공사비에서 제하여 중단된 시점까지 투입된 공사비를 산정하고 이를 기준으로 기성율을 산정하는 방안을 제시하고 감정을 진행하였으며, 이를 감정 사항에 명기하였다.

기성율 산정 시 응용하여 사용될 수 있는 실례로 보이는 감정이었다.

2-3. 투입공사비 산정에 관한 감정

1. 투입 공사비 산정에 관한 감정이란?

공사가 공사 도급계약이 없이 진행되었거나, 공사 도급계약이 있었다 하더라도 공사 도급계약의 내용과는 다르게 진행되었을 때와 같이 공사비가 확정되지 않은 상황에서 분쟁이 발생하였을 경우 그 공사를 시공하는 데 소요된 공사비를 산정하는 감정이 투입 공사비 산정에 관한 감정이다.

이 감정에서 중요한 사항은 본 감정 목적물을 완성하는 데 소요되는 공사비를 직접 산정하여야 하므로 객관적이지만 지극히 현실적인 공사비를 산정하여 제시하여야 한다.

앞서 언급한 기성고 산정의 경우 각 공사비는 기성율이라는 비율 산정을 거치지만 이 투입 공사비는 직접 분쟁에 영향을 준다는 것을 감정인은 명심하여야 할 것이다.

2. 투입 공사비 산정에 관한 감정 시 주의 사항

① 공사비 단가를 현실적으로 적용하여야 한다.

투입 공사비 산정에 관한 감정은 이 공사를 진행할 때 실제로 투입되는 공사비가 얼마인가를 산정하는 감정이기 때문에 이때 적용하여야 하는 단가, 즉 일위대가는 실제 적용된 단가를 원칙으로 하여야 한다.

앞의 설명에서 '감정에서는 객관성을 확보하여야 하므로 설치에 소요된 품의 산정은 표준품셈, 인건비는 대한건설협회에서 조사 발표한 각 연도별 시중노임단가, 그리고 자재 단가는 해당기간의 물가정보 실수요자 가격 적용 등 객관적인 자료를 기준으로 단가를 적용하는 것이 바람직하다' 라고 하였기에, 이와는 상반된 의견으로 다소 혼란스러울 수 있을 것이다.

일반적으로 투입된 공사비 산정의 분쟁인 경우 건설사 측에서는 관련된 내역서를 제시하게 되는데, 이 내역서를 보면 노임 단가는 높게 책정되어 있으나, 인력품은 일부 적게 적용되어 있고, 원가계산이 객관적인 자료와는 차이를 보이는 등 감정 시 객관적으로 적용하는 사항과는 상이하게 나타나는 경우가 종종 있으나, 제시 내역서에 제시된 단가는 현실적으로 적용되는 단가로 보는 것이 타당하다.

이런 상황에서 각 공종의 단가는 어떻게 적용하여야 하는가? 객관적으로 적용되는 일위대가를 검토해 보면, 이 일위대가는 정부 발주공사를 기준으로 작성된 것으로 인력품이 현실적인 인력품보다 높게 책정되어 있음을 확인할 수 있다.

이는 정부 발주공사의 입찰 시 제시 공사비의 약 70~80% 정도에서 입찰이 결정되는 것으로 추정하여 볼 수 있으므로, 객관적인 일위대가의 단가를 100% 적용하는 것은 무리가 있다고 생각된다.

이런 상황에서 감정인은 이 제시 내역서의 단가와 객관적인 일위대가의 단가를 서로 비교하여 인력품이나, 자재의 단가를 현실감이 있게 일부 조정하여 적정한 단가를 감정인의 경험을 바탕으로 찾아야 할 것이며, 이 경우 이러한 내용을 공사비 산정 의견에 정확히 명기하여야 한다.

매우 어려운 사항이지만 객관적이면서도 현실적인 각 공종의 단가, 즉 일위대가를 산정하여야 추후 단가의 적용이 많고 적음에 관한 논란에서 자유로울 수 있을 것이다.

② 공사비 산정 시점은 언제로 하여야 하나?

투입 공사비는 공사 당시의 현실적인 투입금액을 산정하는 것으로 공사비 산정 시점은 공사 당시로 적용하여야 하나, 경우에 따라 공사비 산정 시점의 결정이 달라질 수 있으므로, 상황에 따라 경험을 바탕으로 적절히 적용하기를 권한다.

일반적으로 공사가 장기로 진행된 경우는 완료 시점을 기준으로 하여야 하며, 단일공정인 공사가 여러 가지로 시기를 달리하여 진행되었다면 각 단일공정별로 완료된 시점에 맞추어 각각의 공사비 산정 시점을 달리하여 적용하여야 한다.

예를 들어 2008년 6월에 창호보수공사를 하였고, 2009년 7월에 타일교체공사를 하였다면 창호보수공사의 공사비 산정 시점은 2008년 6월이며, 타일교체공사의 공사비 산정 시점은 2009년 7월로 적용하여 각각의 공사비를 합산하면 투입 총공사비가 산정되는 것이며, 이 내용을 공사비 산정 의견란에 명확히 명기하여야 한다.

3. 투입 공사비 산정에 관한 감정 실례

투입 공사비 산정은 단가 적용 및 공사비 산정 시점에 관해서만 정확히 이해하면 일상적인 건축 내역서 작업이므로 이에 대한 별도의 내용은 생략하고, 아래 특별하였던 몇 가지 실례를 제시하고자 한다.

사례1. 유지관리를 위해 투입된 공사비 산정에 관한 감정

* 감정의뢰자 : 강원도 소재 모지방법원

* 감정개요

본 감정은 지방자치단체가 소유한 청소년 수련원을 개인이 임대하여 사용하던 중 임대기간이 만료되어 지방자치단체는 개인에게 수련원에서 철수할 것을 요구하는 건물명도를 위한 민사소송을 제기하였다.

그러나 피고인 개인은 청소년수련원 내의 시설을 사용, 유지하기 위해 보수 및 시설 설치공사를 하였으므로 이 보수 및 시설 설치 공사비는 지방자치단체가 지불하여야 하다고 주장하고 그 금액에 대해 투입 공사비 산정에 관한 감정을 의뢰하였다.

피고는 시설을 사용, 유지하지 위한 보수 및 시설 설치공사를 다음과 같이 하였다고 증빙자료와 함께 감정 신청을 하였다.

- 2003년 3월 수련원 1층 로비 창호 및 유리 설치
- 2004년 6월 수련원 1층 로비 배관 교체
- 2005년 3월 수차례에 걸쳐 수련관 천정 캐노피 보수
- 2005년 8월 생활관 외벽보수 및 외벽 방수공사(이하 중략)

* 감정 진행 사항

제시된 자료를 참조하여 현장 조사를 실시한 결과 감정 신청한 사항 모두 설치되어 있거나 보수 흔적이 발견되어 각 공사완료 시점을 기준으로 각 항의 투입 공사비를 합산하여 감정을 진행하였다.

공사 시점이 제각각인 공사에 대해 공사비 산정 시점을 달리한 감정은 이 사건에서 처음 접하게 되어 각 시점에 따라 일위대가를 달리하여 작성하는 데 작업에 번거로움은 있었으나 투입 공사비 산정 감정의 새로운 일면을 보았던 감정이었다.

사례2. 시설물을 매입하기 위한 투입 공사비 산정 감정

* 감정의뢰자 : 지방자치단체
* 감정개요

개인이 노상주차장을 설치하고 지방자치단체에서 이를 매입하기 위해 이 노상주차장을 설치하는 데 소요되는 공사비 산정에 관한 감정을 지방자치단체에서 의뢰하였다.

* 감정 진행 사항

노상주차장을 시공한 개인이 제시한 신축 내역서를 확인해 보니 정부 발주공사

에 준하여 일위대가 및 물량계산서, 재품 단가까지 완벽하게 작성되어 있었다.

필자는 제시된 공사비와 동일한 공사비를 산정할 수밖에 없다는 부담이 매우 컸다. 그러나 제시된 내역서에서는 도시계획확인서에 명기된 면적을 사용하여 공사량을 산출하였고, 필자가 대지를 실측해 보니 도시계획확인서에 명기된 면적보다 실제 대지 면적이 작은 것으로 확인되어, 이에 따라 필자가 실측된 면적을 기준으로 공사량을 조정하여 감정을 진행하였다.

정부 발주공사를 감정할 경우 제시한 내역서의 내용이 설치에 소요된 품의 산정은 표준품셈, 인건비는 대한건설협회에서 조사 발표한 각 연도별 시중노임단가, 그리고 자재 단가는 해당기간의 물가정보 실수요자 가격의 적용 등 객관적인 자료를 기준으로 단가가 적용되어 있으므로, 감정 시 각 단가가 정확히 적용되었는지 확인을 하여야겠지만 공사량에서 차이가 없다면, 감정 결과가 제시된 공사비와 거의 대동소이할 수밖에 없다는 점을 명심하고 감정에 임하여야 할 것이다.

사례3. 지하철 통로 신설을 위한 교환가치 산정 감정

* 감정의뢰자 : 감정평가법인
* 감정 진행 사항

본 건은 지하철역 주변 건물의 건물주가 지하철역으로 직접 통로를 확보하고자 통로 확보를 하는 공사비는 본 건물에서 직접 공사하여야 하므로 이 공사비는 감정대상이 아니었으나, 지하철공사 측에서 통로 확보공사를 하면서 에스컬레이터 설치공사와 추가로 화장실 설치공사를 주문하였고, 이 설치 공사비에 준하는 지하철 내의 상가를 대물로 지불한다는 조건이었다.

필자에게 의뢰된 감정은 에스컬레이터와 화장실 설치 공사비에 대한 투입 공사비 산정의 감정이었고, 본 건을 의뢰한 감정평가사는 지하철 내 상가의 가치를 금액으로 환산하여, 두 물건을 교환할 경우의 가치를 판단해 주는 감정평가 건이었다.

이 감정은 지하철 통로 신설이 무산되어 진행하지 못한 감정임을 밝히며, 투입 공사비 산정에 대한 감정의 다양한 실례로 제시하는 바이다.

사례4. 중단된 공동주택 매입을 위한 공사비 산정 감정

* 감정의뢰자 : 종합건설회사
* 감정 진행 사항

본 건은 중단된 공동주택을 새로운 건설회사가 매입하고자 그 매입금액을 확정하기 위한 감정이었다. 이 경우 감정평가사의 토지 감정평가 금액과 중단된 시점까지의 투입된 공사비를 합산하면 그 중단된 공동주택의 매입금액이 될 것이다.

단, 중단된 건물의 중단된 시기가 매우 장기간이었다면 방치된 건물이 감가상각이 발생하여 건물의 가치가 하락하였을 것이므로 이 경우는 다음에 나오는 '건물의 가치산정' 항에서 별도로 다루도록 하고, 이번 경우는 중단된 시기가 감가상각이 발생하지 않을 단기간이었으므로 투입 공사비 산정의 감정이 가능하였다.

이 감정도 매입시기가 미루어지면서 진행하지 못한 감정임을 밝히는 바이나, 투입 공사비 산정의 감정은 감가상각이 발생하지 않을 단기간이었을 경우에 한하여 가능한 감정임을 명심하기 바란다.

사례5. 건물명도를 위한 신축 공사비 산정 감정

* 감정의뢰자 : 서울 모지방법원
* 감정개요

본 감정은 피고의 대지에 원고가 일정기간 임대를 계약하고 건물을 신축하여 사용하였고, 이 기간이 만료되어 피고가 건물 명도를 요구하는 과정에서 건물에 투입된 공사비에 대해 양측의 의견이 상충되어, 그 투입 공사비를 산정하는 감정이었으며, 재판부는 공사비 산정 시점을 공사 착공 시점으로 할 것을 요구하였다.

* 감정 진행 사항 및 후기

감정 당시 약 8년 전에 신축 상황이 대부분 훼손되어 있었으나, 원고가 제시한 신축 당시 사진과 일부 남아 있는 상황을 기준으로 투입 공사비를 산정하였다. 하지만 현장이 보존되지 않은 건물을 감정하는 것에 대한 어려움을 느꼈으며, 투입 공사비가 여러 방면에서 사용될 수 있음을 확인한 감정이었다.

사례6. 분할 등기를 위한 투입 공사비 산정 감정

* 감정의뢰자 : 서울 모지방법원
* 감정 개요 및 후기

본 감정은 원고와 피고가 함께 아파트를 매입하고 원고가 그 아파트 내부 인테리어 공사를 하였는데, 이 아파트를 분할 등기를 하기 위한 지분을 확정함에 있어, 원고와 피고 측이 공사비에 대해 의견이 상충되어 입주 당시를 기준으로 인테리어 투입 공사비를 산정하는 감정이었다. 이 감정 또한 투입 공사비가 여러 방면에서 사용될 수 있음을 확인한 감정이었다.

사례7. 건물 절단 시 건물 안전을 위한 투입 공사비 산정 감정

* 감정의뢰자 : 건축구조기술사
* 감정 개요 및 후기

본 감정은 도로 확장에 의해 건물을 절단할 시 절단 부분의 구조 안전 방안을 검토하는 안전진단보고서를 지방자치단체로부터 건축구조기술사가 수주하여 진행하는 과정에서, 구조안전 방안을 시공하는 데 소요되는 투입 공사비 산정을 의뢰 받은 감정이었다.

2-4. 변경공사비 산정에 관한 감정

1. 변경 공사비 산정에 관한 감정이란?

공사도급계약은 공사 계약금액을 일정금액으로 확정하여 지급하기로 하는 계약이고, 따라서 약정된 계약금액은 확정금액으로 변경할 수 없는 것이 원칙이다. 다만 예외적으로 물가변동, 설계변경, 공기변경의 세 가지 요건이 충족된 경우에 한하여 계약금액의 변경, 조정이 가능하다(국가계약법).

설계변경이란 공사계약 체결 후 당초 예기치 못했던 사태의 발생 또는 사정변경이나 계약변경으로 인하여 공사목적물의 규모, 구조, 재료 등을 변경하는 경우, 또는 설계서의 내용의 불분명, 누락, 오류, 설계서간의 상호 모순, 설계서와 공사현장 상태의 불일치 등으로 설계서가 부적합하게 된 경우에, 당초 설계서 내용의 일부를 변경시키는 것을 말한다(회계예규 공사계약 일반조건).

설계서란 설계도면, 공사시방서, 현장설명서, 공종별 목적물 물량 내역서를 말한다(공사계약일반조건).

설계변경이 있는 경우에는 확정된 계약금액을 증감 조정하는 것이 가능하고 또한 증감 조정해야 한다(국가계약법).

위의 법규 내용을 보면 공사도급계약에 의해 도급공사 중 도급계약 당사자가 합의하면 설계변경에 의해 공사의 변경이 가능하며, 이럴 경우 계약금액을 증감할 수 있다고 되어 있는 것이다.

그러나 일반 공사 과정을 보면, 설계변경에 의한 공사변경은 이해 당사자의 합의하에 수월하게 진행되나 이 설계변경에 의한 변경 공사비의 확정은 변경 당시에 확정되지 않는 경우가 허다하다.

설계변경이 발생할 경우 그 즉시 설계변경에 대한 변경 공사비를 확정해 놓는 것이 가장 바람직하나, 변경 공사비는 추후 정산하자고 양측이 합의하고 변경공사를 진행하고 있는 현실에서 공사상 분쟁이 생기거나, 혹은 공사가 완료된 후에 변경 공사비의 증감에 대해 양측의 주장이 상반되는 경우, 이미 도급계약에 의해 확정된 계약 공사금액으로 설계변경 전 공사비에 대해서는 확정이 가능하나, 설계변경에 의한 변경 공사비의 확정은 양측의 의견이 상충되어 확정이 어려운 경우가 매우 많다.

이럴 경우 분쟁을 해결하기 위한 감정이 변경 공사비 산정을 위한 감정이다. 변경 공사비는 도급계약공사 내역보다 공사량의 증가나 공종의 추가 공사로 인한 추가 공사비 산정과 공사량의 감소나 공종의 생략으로 인한 절감 공사비 산정으로 구분되어지는데, 현실적으로 한 현장에서 절감 공사비와 추가 공사비가 함께 발생하는 경우가 많고, 일반적으로 건축주는 절감 공사비를, 건설사는 추가 공사비를 각각 확대 적용하여 주장할 것이다. 아울러 설계변경의 합의 여부에 대해 양측은 각각의 입장에서 확대 주장하는 경우도 매우 빈번하다.

그러므로 변경 공사비 산정에 관한 감정은 변경 공사비 산정과 함께 설계변경의 합의 여부도 중요한 감정의 내용이 될 수 있다.

2. 변경 공사비 산정에 관한 감정 시 주의 사항

변경 공사비 산정은 도급계약이 이루어진 공사에서 그 계약이 변경된 공사비를 산정하는 것으로, 위에서 짚어 본 도급계약이 이루어지지 않을 경우인 투입 공사비 산정과 차이를 보이고 있다. 이 두 감정의 차이는 공종별 단가와 공사비 산정시점 적용에서 커다란 차이를 보이는데 이와 함께 본 감정 시 주의할 사항에 대해 알아보자.

① 공종별 단가는 어떻게 적용하여야 하나?

변경 공사비는 도급계약이 변경되므로 인하여 발생된 공사비의 증감 여부의 확정이므로 변경 공사비 산정 시 기준이 되는 내역은 도급계약서에 첨부된 내역서를 기준으로, 공사량의 변경이 있을 경우는 그 내역서에 제시된 단가의 금액을 적용하여야 함이 원칙이다.

만일 별도로 감정인이 작성한 일위대가 금액을 적용한다면 변경되지 않은 부분은 제시된 내역서의 단가를, 변경된 부분은 별도 작성된 단가를 적용하게 되는데 아무리 공사량의 증감이 있더라도 이는 한 공종으로 진행되므로 단가의 차이를 둘 수는 없는 것이다.

이는 변경 공사비 산정은 도급계약 공사비의 증감 여부를 확정하는 감정임을 한 번 더 명심하여야 한다. 즉, 증감된 공사량에 도급계약서에 첨부된 단가를 적용하여 변경 공사비를 산정하여야 한다.

그런데 제시된 내역서에 없는 공종이 새로 추가되었다면 이 단가는 제시된 내역서의 여타 다른 내역을 참조하여 감정인의 경험을 바탕으로 적정한 공사의 단가를 확정하여 적용한다. 아울러 내역서가 존재하지 않는 현장의 경우라도 도급계약 공사비는 확정되어 있을 것이므로, 이 계약 공사비를 참조하여 이 공사비에 준한 각 공종의 단가를 확정하여 적용하여야 한다.

② 공사비 산정 시점은 언제로 적용하여야 하나?

변경 공사비는 도급계약이 변경되므로 인하여 발생된 공사비의 증감 여부의 확정이므로 위의 단가 적용과 함께 공사비 산정 시점은 도급계약 시점이어야 한다.

변경공사가 시공된 시점을 기준으로 한다면 위의 단가 적용에서 언급한 바와 같이 도급계약서에 첨부된 내역서와 상이한 공종별 단가가 산정되므로 도급계약 공사비의 증감 여부의 판단과는 동떨어진 변경 공사비가 산정되기 때문이다.

③ 원가계산은 어떤 기준으로 하여야 하나?

위에서 언급한 바와 같이 원가계산의 적용도 도급계약서에 첨부된 내역서를 기준으로 하여야 한다. 그런데 원가계산이 없이 이윤 및 제경비를 일괄 몇 %를 적용하였다면 변경 공사비 산정 시에도 이와 동일하게 원가계산을 하여야 한다.

그럼 내역서가 존재하지 않고 도급계약 공사비만 확정되어 있는 경우에는 당 현장의 상황을 고려하여 일반적인 건축 통례에 따라 감정인이 적절히 판단, 적용하여야 할 것이다.

④ 설계변경 여부의 판단은 어떻게 하여야 하나?

변경 공사비 산정을 하기 위해서는 설계변경, 즉 공사의 변경이 발생하였는가 여부를 확인하여야 하는데, 이는 면밀히 현장 조사를 하면 확인이 가능하다. 그러나 이 설계변경이 이해 당사자의 합의하에 진행되었는가 하는 문제는 변경공사 진행 당시에 감정인이 현장 조사를 하는 것이 아니므로 이해 당사자의 의견이나 주장이 상충되는 경우에는 확인이 불가능하다.

아울러 공사 진행을 위한 설계변경은 건설사가 건축주에게 일방적으로 통보하고 진행하는 경우가 빈번한데, 건축주는 이런 설계변경은 본인의 책임이 아니라고 주장하게 된다.

위와 같이 설계변경은 건설사와 건축주의 합의로 공사가 변경되어야 하나 양측의 의견이 상충되는 경우, 양측은 각각의 입장에서 유리하도록 주장하는 과정에서 변경 공사비 산정에 관한 감정은 어떻게 진행하여야 하나?

건축 감정인의 경험을 바탕으로 이 설계변경의 진행여부가 일반적 건축 통례를 볼 때 타당한 설계변경인가 및 적절한 과정이었는지 여부를 판단하여 감정을 진행하여야 하며, 소송에 관한 감정에서 확실히 변경공사가 진행된 상황이라면 변경 공사비를 산정하고 감정 사항에 양측의 주장이 상반된다는 의견을 명확히 명시하여 재판부에서 판단할 수 있는 객관적 자료를 제시하여야 할 것이다.

실례를 보면, 공사대금 청구를 위한 민사소송에서 설계도면에는 흙막이 공사에 어스앵커가 명시되어 있지 않았으나, 건설사가 터파기 과정에서 토질을 확인하여 보니 어스앵커가 필요하다고 판단하여 설계도면에 명시가 없는 어스앵커를 시공하여 흙막이 공사를 진행한 경우로, 건설사는 어스앵커의 공사비를 추가공사로 보아 건축주에게 청구하였으나 건축주는 통보는 받았으나 설계변경에 합의하지는 않았다는 주장이었다.

흙막이 시공 과정에서 어스앵커는 꼭 필요하였을 것으로 판단되나 설계변경 합의는 없는 변경공사이었으므로, 필자는 어스앵커의 설치비는 산정하였으나 감정사항에 양측의 주장과 본 공종은 안전한 시공성 확보를 위한 조처임을 명확히 명기하여 감정을 진행한 경험이 있다.

변경 공사비 산정 시 변경공사가 있었다면 변경 공사비를 산정하는 것이 원칙이나, 이 변경공사의 타당성 여부에 관해 면밀히 판단하여 적용 여부를 결정하여야 할 것이다.

2. 변경 공사비 산정에 관한 감정 실례

변경 공사비 산정에 관한 감정은 일반적으로 건설사가 추가 공사비를 요구할 경우, 건축주는 이에 대해 하자보수 공사비에 대한 감정으로 추가 공사비를 일부 상쇄하고자 하므로, 변경 공사비에 대한 감정에는 하자보수 공사비에 대한 감정 등 다른 감정이 수반되는 경우가 많다.

사례1. 추가 공사비와 하자보수 공사비 산정에 관한 감정

* 감정의뢰자 : 수도권 소재 모지방법원

* 감정개요

본 감정은 종합건설회사가 종교건물을 완공하는 과정에서 추가공사가 다수 발생하여 추가 공사비 지불 요청을 건축주에게 하였으나, 건축주는 추가 공사비가 너무 과다하며 하자가 많이 발생하여 하자보수공사를 완료하면 추가 공사비의 일부를 지불하겠다는 주장으로, 양측의 주장이 상충되어 공사대금 및 손해배상 청구소송을 한 사건이다.

* 감정의 진행

제시된 자료를 참조하고 현장 조사를 해 본 바, 건설사가 제시한 추가공사 항목에는 건설사가 공사의 편의를 위해 시행하였던 항목까지 제시가 되어 있어 이 부분은 감정인의 판단으로 일부 제하였으며, 일부 항은 설계도면에 미흡하게 명시되어 있는 것을 건설사가 기능의 향상을 위해 합의 없이 변경한 부분에 대해서는 추가 공사비로 인정하였다.

본 감정에서 기억나는 것은 동일한 사항에 대해 건설사는 건축주와의 합의 혹은 기능 향상을 위한 변경공사로 추가 공사비라고 주장하며, 건축주는 설계서와 다른 변경시공이므로 하자라고 주장하여, 이런 사항에 대해 추가공사와 하자보수공사 여부를 적절히 판단하기가 매우 어려웠다는 것이다. 예를 들어 보일러의 연도가 변경되었는데, 건설사는 연도의 변경으로 추가 공사비가 발생하였다고 주장하며, 건축주는 연도가 변경시공에 의한 하자라고 주장하여 현장에서 설계도면을 참조하여 본 바, 연도는 설계도면대로 설치하기에는 현장 여건 상 무리가 있다고 판단하여 추가 공사비 산정에 포함하는 등 많은 항목에서 두 감정이 혼재되어 이를 정리하기가 어려웠다.

또 건축주와 건설사가 제시한 설계도면이 일부 상이한 부분이 있어 어느 설계도면을 기준으로 하여 추가 및 하자보수 공사비를 산정할 것인지 여부 및 설계도면과 시방서가 서로 상이한 부분이 있어 이 두 설계서에서 어느 것을 기준으로 하여야 하는지 여부를 판단하기도 매우 어려웠던 감정이었다.

* 감정 후기 및 원고와 피고 측 감정 신청 사항이 있는 각각인 경우의 주의 사항

본 감정과 같이 건설사는 추가 공사비에 대해 감정 신청을 하고, 건축주는 하자보수 공사비에 대해 감정 신청을 한 경우, 하나의 목적물에 대해 한 감정인이 감정한다 하더라도 이 두 감정은 전혀 별도의 감정으로, 이는 매우 중요한 사항이다.

추가 공사비 감정에 적용되었으므로 하자보수비 감정에서는 제한다든지, 반대의 경우라도 절대로 연계하여 적용하여서는 안 되는 것이다. 이는 만일 본 목적물에 대해 한 가지 감정을 신청한 경우, 예를 들어 하자보수비 산정에 관한 감정만 신청한 경우나, 두 개의 감정을 동시에 신청한 경우라도 하자보수 공사비는 한 목적물에서는 동일하여야 한다는 원칙을 생각해 보면 이해가 쉬울 것이다. 반대의 경우도 마찬가지이다.

단지 편의를 위해 한 분쟁이나, 소송의 경우 한 감정인을 지정하는 것이지, 상기 두 감정은 엄연히 별도의 감정이다.

필자의 경우도 이렇게 원고와 피고 측 각각의 두 감정이 있는 경우, 항상 각 감정 항목을 적용할 시 혼란을 겪는 경우가 종종 있는데, 상기의 원칙만 정확히 이해하여 각 항을 적용하면 무리가 없을 것이며 이에 대해서는 감정에 대해 많은 경험을 통해 익혀야 할 것이다.

사례2. 공장 리모델링 시 발생한 추가 공사비 산정에 관한 감정

* 감정의뢰자 : 서울 모지방법원

* 감정개요

본 감정은 공단 내 소재한 식품공장 리모델링 공사 중 발생한 추가 공사비에 대해 건설사가 원고인 공사대금에 관한 소송이었다.

건설사에서는 추가 공사비가 발생한 부분을 정리한 자료를 제시하였으나, 본 리

모델링 공사 시 기준으로 하였던 설계도면이 정리되지 않은 상태에서 여러 가지 설계도면이 제시되었다.

* 감정 진행 사항

설계도면이 정리되지 않은 상황에서 현장 조사를 하여 본 바, 건설사에서 제시한 추가공사 부분이 설치되어 있지 않았거나, 제시된 공사 범위와는 차이가 있는 등 정확하지 않아 각 항목마다 원고 측의 주장을 청취하여 각 항목에 대해 제시된 여러 가지 설계도면을 참조하여 추가공사인지 여부를 판단 후, 추가공사 범위를 어렵게 확정하였다.

예를 들어 당시 감정 사항 일부를 보면

① 원고 측 주장 : 원고 측에서 제시한 변경도면 및 내역서에 의하면 원고는 2층에 냉장창고를 추가 시공하였다고 주장.

감정인 의견 : 제시된 계약도면상 3층에 냉장창고(14.1㎡)가 명시되어 있으나 현재는 2층에 냉장창고(18.2㎡)가 시공되어있으므로, 현재 시공된 냉장창고 시공비에서 3층의 냉장창고 예상 시공비를 차감한 금액을 추가공사 시공비로 산정하였음.

② 원고 측 주장 : 피고가 설계도면에 없는 화장실을 증설하거나 위치변경 시공해줄 것을 요청하여, 2층에 1개소 추가 및 1개소 위치변경 시공하였다고 주장.

감정인 의견 : 2차 계약도면에는 전면에 화장실 1개소가 명시되어 있으나, 현재는 후면에 화장실 1개소와 샤워실 1개소가 있는 바, 후면의 화장실, 샤워실 2개소의 공사비를 산정하여 계약도면에 명시된 1개소의 공사비를 차감한 금액으로 추가 공사비를 산정하였음.

아울러 공사비 산정 시점은 재판부에서 도급계약 시점으로 확정하여 주어 이 시점을 기준으로 감정을 진행하였다

* 감정 후기

위와 같이 추가공사 범위조차 확정되지 않은 상황에서 추가 공사비를 청구하고자 소송을 제기하는 경우를 확인한 감정이었으며, 제시된 설계도면의 상황을 필자 나름대로 확정하여 추가공사의 범위를 정확히 판단하려 노력하였던 감정이었다.

사례3. 절감 공사비 산정에 관한 감정

* 감정의뢰자 : 서울 모지방법원

* 감정개요

본 감정은 재건축조합이 재건축아파트를 시행하는 과정에서 건설사에서 제시하였던 특약사항을 이행하지 않아, 이 특약사항을 시공하지 않음으로 발생된 절감 공사비에 대한 하자보증금 반환 청구소송으로 재판부는 이 절감된 공사비를 입주 시점을 기준으로 산정할 것을 요구한 감정이었다.

* 감정 후기

필자는 하자보증금은 약정 기간이 입주 이후로 알고 있으나, 입주 전에 발생한 특약사항의 미이행으로 발생한 절감 공사비가 왜 하자보증금 청구에 적용될 수 있는지 여부에 대해서는 법적인 지식이 적어 판단이 안 되는 감정이었다.

2-5. 건물절단에 의한 보수공사비 산정에 관한 감정

1. 건물절단에 의한 보수 공사비 산정 감정은 무엇인가?

국가나 지방자치단체(이하 '지자체')가 도시계획에 의해 도로를 신설, 확장하거나, 토지를 수용하는 경우에 토지와 함께 불가피하게 기존의 건물 일부가 편입되어 건물이 절단되는 경우가 발생한다.

이 경우 지자체는 건물주에게, 편입되는 토지는 토지의 감정평가 금액과 건물이 절단된 면적만큼 건물의 감정평가 금액이 합산되어 보상액을 지불하게 되며, 건물이 절단된 후 건물이 절단되기 전의 기능을 회복할 수 있도록 건물 절단부를 보수하는 데 소요되는 공사비를 포함하여 보상금액을 지불한다.

이 책은 토지의 보상액에 대해서는 감정평가에 관한 사항이므로 별도로 하기로 하고, 절단된 건물을 보수하는 데 소요되는 공사비에 관해서만 논하기로 하겠다.

건물이 절단된 후 그 절단부분에 대한 보수 공사비는 엄밀한 의미에서는 건축 관련자가 그 공사비를 산정하여야 함이 원칙이다. 그러나 아래 그림과 같이 일반적으로 절단부는 건물의 한 측 외벽체로 한정되는 경우가 매우 많다.

도로확장에 의한 수용부분이 벽체만 포함되는 경우(가상)

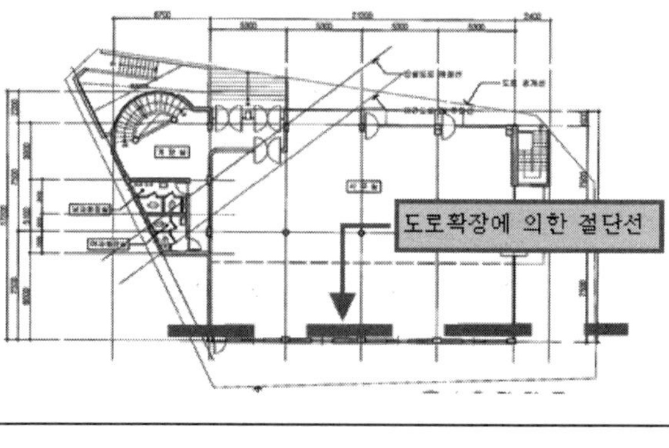

앞쪽 그림과 같이 단순히 한 측 외벽체가 절단된 경우 이 외벽 보수에 대해 건축 전문가가 내역서 작업 등을 통해 공사비를 산정한다면 가장 정확한 공사비를 산정할 수 있겠으나, 이럴 경우 그 보수비 산정에 대한 수수료가 보수 공사비와 비교하여 경제적 가치가 없을 수 있으며, 작업 소요시간도 많이 필요하기 때문에 일반적인 단순 절단부 보수 공사비는 한국감정평가협회에서 발간한 〈지장물보상평가자료집〉의 외벽 보수에 필요한 각 단가를 적용한 간접 산정 방법으로 감정평가사가 산정하고 있다.

필자의 의견으로는 현실성을 고려한다면 경제적으로나, 시간적 의미에서 간접 산정 방법의 보수 공사비 산정이 현실적인 대안으로 가능한 산정방법이나, 〈지장물보상평가자료집〉에서 제시된 각 공종의 적용 방법 등에 대해서는 해당 협회에서도 더욱 충실히 연구하여 제시되어야 할 것으로 판단된다.

그러나 토지 수용에 따른 건물 절단부가 한 외벽체가 아니라 복합적으로 발생하거나, 절단된 부분이 건물의 주요 시설이 절단되어 단순히 외벽만을 보수공사를 할

도로확장에 의한 수용부분이 복합적인 경우

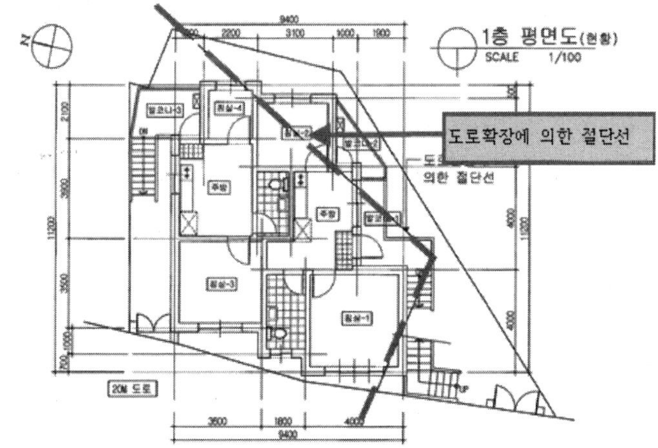

경우 과거의 기능이 현저히 저하될 경우도 생길 수 있을 것이다.

이때 외벽체 보수비만을 간접 산정하여 보상비를 지불한다면 해당건물의 건축주는 절단 전의 기능이 현저히 저하되어 막대한 피해를 입게 되며, 그 건축주는 이에 대해 보상비가 부당하다고 수용에 대한 재결정을 요구하거나 최후에는 지자체를 상대로 행정소송을 제기하게 될 것이다.

이렇게 건물의 주요 시설이 절단되었다면 그 건물은 주요 시설을 재설치하여 건물의 절단 전 기능이 최대한 확보될 수 있도록 건물의 평면을 재설계하여 그 설계에 준한 보수 공사비를 산정하여 보상비를 지불하여야 해당 건축주의 피해를 최소화할 수 있을 것이다.

이럴 경우 실시하는 감정이 건물절단에 의한 보수 공사비 산정에 관한 감정으로, 이 감정은 재설계를 하여야 하므로 시공기술사보다는 건축사 입장에서 진행하는 것이 바람직한 감정이다.

2. 건물절단에 의한 보수 공사비 산정 감정의 진행 과정

위에서와 같이 본 감정은 건축 감정인이 초기에 감정을 진행하기에는 제도적으로 무리가 있는 감정으로, 최초에 지자체는 감정평가사에게 관련 보상비에 대한 감정평가를 의뢰한다.

이 과정에서 만일 주요시설이 절단되는 건물이 있는 경우 경험이 많은 감정평가사라면 건축 감정인에게 자문을 구하고, 지자체에게 통보하여 건축 감정인을 통하여 그 건물을 재설계하고 그 설계를 기준으로 보수 공사비를 산정하여 보상비를 감정평가를 할 것이다.

그러나 건축 전문가가 아닌 감정평가사 입장에서 이를 초기에 판단하는 것은 무리가 있을 것이므로, 간접 산정 방법으로 단순히 감정 평가하여 보상비를 산정하여 보상비를 건축주에게 통보하였다면, 건축주는 이 보상비에 불만족하여 이의를 제기하는 과정에서 이 보수 공사비 산정이 건축 감정인에게 의뢰되는 경우가 많으며 해당건물 건축주는 이미 이 사업에 대한 불신이 생기게 되는 것을 종종 목격하게 된다.

필자의 생각으로는 지자체에서 토지를 수용하는 과정에서 절단된 건물이 많이 존재한다면 사업 초기에 건축물 감정이 가능한 건축 전문가에게 자문을 구하여 절단 건물의 상태를 초기에 검토하여 재설계가 필요한 건물임을 확정하고, 이 건물에 대해서 만이라도 건축전문가에게 의뢰하고 그 공사비와 함께 전체 보상비에 대한 감정을 진행한다면 사업 중반에 오는 혼란 및 경제적 손실을 최소화할 수 있으리라 생각되어 지는 바, 이에 대하여는 지자체 등에서 적극 검토하기를 권하는 바이다.

위와 같이 본 감정은 현실적으로 지자체나 감정평가사가 초기 감정평가를 진행한 후, 지자체나 감정평가사 혹은 행정법원을 통해 건축 감정인에게 의뢰되는 감정으로 본 감정의 진행 방법에 대해 구체적으로 논해 보자.

1) 자료 수집 및 현장 조사

본 감정은 토지가 수용됨으로 인하여 건물이 절단되어 발생하는 감정이므로 본 감정에서 가장 중요한 자료는 토지가 절단되는 선, 즉 신설 도시계획선으로, 이 도시계획선을 확보하여야 하는데 이 측량선은 지자체 등을 통하여 확보가 가능할 것이다.

그런데 토지가 수용되는 건물 대부분이 신축 경과 연수가 상당히 지나 설계도면이 존재하지 않는 경우가 많은데, 필히 건물을 실측하여서라도 건물 평면도 등을 확보하여야 도시계획선을 기준으로 건물의 절단부분을 정확히 파악할 수 있다.

현장 조사 시 이 설계도면을 기준으로 절단부분의 건물 사용 상황과 건물의 구조 및 마감재를 정확히 파악하여야 감정 시 보수비 산정이 용이하다.

2) 감정 진행 및 재설계

토지 수용에 의해 건물이 절단되었을 경우 그 주요시설이 단순히 벽체의 보수로 보수가 가능한지 여부를 파악하여야 하고, 만일 벽체 보수만으로 주요시설의 가능을 회복하기가 불가능하다면, 이 주요시설을 재설치하기 위한 평면 계획 등을 재설계해야 한다.

재설계 시 주의할 사항은 이 설계는 토지 및 건물이 수용에 의한 기부체납에 상당하는 보상비를 전제로 설계하는 것이므로 철거 전 건물의 기능에 상응한 설계를 하여야 한다는 것이다. 즉 재설계한 평면이 철거 전 건물의 기능보다 현저히 나쁜 경우는 건축주에게 불이익이 생길 것이며, 이 평면이 철거 전보다 기능이 지나치게 우수하다면 과도한 보상비를 지자체에서 지불하게 되므로 과다 보상이 될 것이다.

그러므로 재설계는 잔여부분이 기능을 최대한 회복할 수 있도록 하고, 모든 재료는 설계 전 건물의 재료와 동일하도록 설계하여야 한다.

그러나 건물 절단 잔존부분을 최대한 기능을 회복하도록 재설계하여도 절단 전 건물의 기능보다 현격히 기능이 저하되는 경우는 건물 전체에 대한 보상이 원칙이므로 건물 재설계 후 건물의 기능이 일정부분 확보되었는지 여부를 면밀히 검토하여야 한다.

그럼 이 재설계를 기준으로 해당건물을 보수하는 데 소요되는 보수 공사비를 산정하여야하는데, 이 보수 공사비 산정의 진행 방법에 대해 알아보도록 하자.

① 철거 공사비 및 보강 공사비 산정

가. 철거 공사비에 제외되는 철거공사

건물이 토지 수용으로 인하여 철거되는 부분, 즉 도시계획선 밖의 건물 철거 부분은 〈공익사업을 위한 토지 등의 취득 및 보상에 관한 법률 시행규칙〉 제33조 제4항에 따라 사업시행자(지자체 등)가 행하는 것이므로, 이 철거 부분에 대한 철거공사는 본 보수 공사비 산정에 포함되지 않아야 함을 필히 명심하여야 한다.

경우에 따라서 이 철거 공사비에 대해 별도로 공사비 산정을 요구하는 경우라도 이는 별도의 공사비이므로 본 보수 공사비에 합산하지 않고 별도의 항목으로 분류하여 감정 결과를 작성하여야 한다.

나. 철거공사 및 보강 공사비 산정

본 감정에서 적용하여야 할 철거 공사비는 크게 두 가지로 볼 수 있다.

첫째는 절단된 부분을 보강하기 위한 철거 공사비이다. 건물이 절단될 때 그 절단부에는 일반적으로 기둥 및 기초부분이 포함되는 경우가 대부분이다. 기둥부분이 철거되면 잔존부분에 기둥을 신설하고, 이 기둥과 잔존부의 보를 연결하여 잔존 건물의 구조 안전을 확보하여야 한다.

그러므로 재설계된 설계도면을 기준으로 절단선으로 부터 철근이 긴결될 수 있는 구간까지 콘크리트를 철거하고, 여기서 노출된 철근과 신설 기둥 및 보의 구조체 철근과 긴결하기 위한 기본적인 잔존부 구조체 철거공사를 하여야 한다. 보통 일반적인 소형건물인 경우 이 철거 부분을 절단선으로부터 약 1m 정도 확보하는 경우가 많으니 참조하기 바란다.

둘째는 주요부분의 절단으로 재설계되었으므로 재설계를 기준으로 설계가 변경된 부분에 대해 잔존부를 최대한 확보한 상황에서 잔존부의 변경에 따른 철거 공사비를 산정하여 위 보강을 위한 철거비와 합산하여 철거 공사비를 산정한다.

그런데 구획된 단위 실에서 일부만 철거된 경우, 예를 들어 침실 일부가 철거된 경우라면 철거공사는 어디까지 진행하여야 할까?

본 경우 건축주는 본인의 의지와는 상관없이 공익을 위하여 건물이 훼손되었다고 보는 입장에서, 필자는 그 침실 내부의 마감은 모두 철거하여 추후 실내 마감의 균질성을 확보하도록 하는 것이 원칙이라 판단한다. 따라서 바닥의 난방 파이프의 경우는 절단부에서 추가로 연결 작업을 할 경우 추후 하자의 발생 소지가 다분히 있어 파이프 난방 전체를 교체하도록 철거공사를 하는 편이나, 이에 대해서는 감정인의 경험을 바탕으로 현장의 상황을 고려하여 적용하기를 권하는 바이다.

위에서 언급한 바와 같이 기둥이 철거되는 경우에는 기둥이 잔존하지 않아 콘크리트 라멘구조체의 구조 성능이 전혀 존재하지 않게 되므로 신설 기둥이 양생을 포함하여 완료될 때까지 잭서포트(Jack Support) 등의 완벽한 동바리 가설재를 설치하는 보강 공사비를 필히 산정하여야 한다. 이 보강 공사비는 콘크리트 구조물뿐만 아니라 조적식 구조 및 감정인의 경험을 바탕으로 구조의 안전이 확보되지 않았다고 판단되는 모든 경우에 필히 적용하여야 함을 명심하기 바란다.

다. 보수 공사비 산정

건물의 안전을 위한 구조체가 완성되었고, 잔존 부분의 재설계에 따른 기존 부분이 철거되었다면 외벽 마감의 방식이나 마감재 등의 모든 자재 및 공법은 기존의 형태와 동일하게 시공하는 보수 공사비를 산정하여야 한다.

아울러 파이프 배관이나 전기 배선 등의 주요 부분, 즉 전기단자함이나 보일러실 등이 절단에 의해 심하게 지장을 받는다면 이 설비, 전기 배관 및 배선에 대해서는 확대 적용된 보수 공사비가 적용되는 경우도 빈번함을 참조하기 바란다.

3. 건물절단 시 재설계를 요하는 주요부분

토지 수용에 의해 절단되는 건물의 경우 대부분의 건물은 한쪽 외벽체만 절단되어, 절단선에 의해 건물의 기능이 상실되는 부분을 단순하다고 보아 기본적인 보수비만을 산정하여 보상비를 감정하는 경우가 많다. 그러나 복잡하게 건물이 절단되지 않고 한쪽 외벽체만 절단되더라도 건물의 기능이 심하게 상실되는 경우가 종종 있어 분쟁의 대상이 될 수 있다.

건축계획적으로 본다면 절단에 의해 많은 부분의 기능이 손상되어 건물의 사용면적이 적어짐으로 인하여 기능이 손상되는 것 이상으로 최초의 기능보다 손상되는 부분이 다분히 있을 수 있기 때문에, 현실적으로 이런 감성적인 부분까지 보상을 할 수 있는 근거나 그 기준을 정하는 것이 불가능한 현실에서, 해당건물을 재설계하는 건축 관련자는 재설계 시 평면 설계를 충실히 진행하여야 할 것이다.

아울러 건물의 주요 부분이 절단되어 그 기능의 회복이 불가한 주요 부분이 발생할 때, 그 주요 부분을 잔존 부분에 재배치하면 잔존 부분의 각 실에 영향을 미치게 되어 잔존 부분의 평면 형태도 필연적으로 변하게 되어 보수공사의 범위가 확대되어지므로, 만일 주요 부분이 절단되는 부분에 포함된다면 해당건물을 필히 재설계하고 이 설계를 기준으로 보수 공사비의 범위를 확정하여야 할 것이다.

그럼 건물 절단 시 건물의 기능이 심하게 상실되는 주요부분은 어떤 시설이며, 이 시설의 성격에 대해 알아보자.

1) 침실

일반 침실의 경우 절단 후 잔존 부분이 일정 폭 이상 확보가 된다면 최소한의 침실 기능을 할 수 있다고 볼 수 있을 것이다. 여기서 일정폭이란 설계자의 판단에 따라 이견(異見)이 다분히 있을 수 있는 사안이나, 필자는 다른 침실이 있는 경우는 잔존 침실의 폭이 최소 2.1m~2.4m 이상으로 판단한다. 만일 이 이하인 경우라며 이 침실의 기능은 상실되고 단순 창고 등의 용도로만이 사용 가능하리라 판단한다.

위와 같이 한 침실이 침실 기능을 상실할 경우 이 주택의 전체 기능이 크게 상실될 수 있는데, 만일 주택 면적이 작아짐으로 인하여 침실의 개수가 줄어드는 것이 필수불가결하다면 이는 인정될 수 있으나, 잔존 부분의 면적에 대해 침실의 개수가 부족해진다면 이는 재설계를 하여서라도 침실의 개수를 확보하여야 할 것이다.

가장 판단이 어려운 경우가 침실이 대각선 등 사선으로 절단되는 경우인데 이 경우는 상황이 너무 다양하여 본 책에서 다루기는 어려우므로 재설계 시 현장을 충분히 고려하여 판단하기 바란다.

침실 가운데 주인세대가 거주하는 침실인 안방은 사용 형태로 보아 다른 침실보다는 침실의 크기가 큰 것이 현실이다. 이 안방이 절단에 의해 안방의 기능을 할 수 없을 만큼 작아진 경우라면, 이 또한 안방의 최소 기능을 확보할 수 있도록 재설계를 요하는 부분이다.

주거용도 외에 사무실에서도 그 실의 크기 확보에 대해 고려하여야 하나, 이에 대해서는 본 책에서 요약하기는 현실적으로 불가능하니, 각 상황에 따라 재설계자의 경험으로 판단하기 바란다.

2) 계단실

건물에서 수직 동선(動線)인 계단의 특성을 알아보도록 하자. 계단실은 그림에서와 같이 계단 양측에 회전, 이동을 위한 계단참 및 계단을 형성하는 챌판과 디딤판으로 구성되어 있다.

계단참은 계단을 오르면서 휴식 및 회전을 하며, 이 부분에 문이 설치되어 해당층 각 실로 이동하기도 하는 공간으로 건축 관련법에서 설치 및 크기가 지정되어 있을 만큼 중요한 공간이므로 일정한 계단참의 폭을 확보하여야 한다.

계단실 구성도

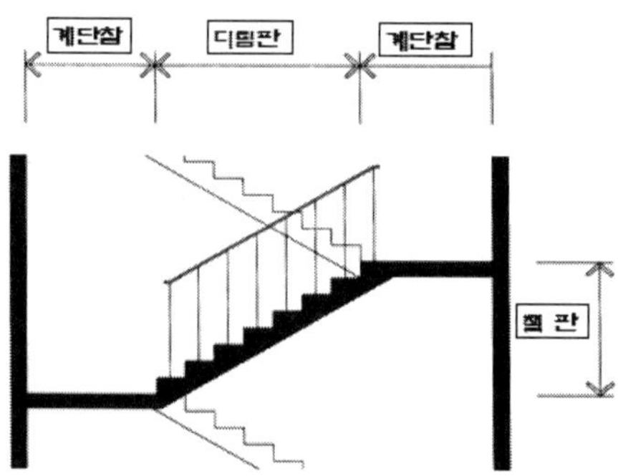

아울러 1층인 경우 이 계단참에 출입문이 설치되어 출입문의 개폐를 위한 공간의 확보가 필수적이기도 하다.

이런 계단참이 건물 절단으로 인하여 법적으로나 사용상 일정폭이 확보되지 않는다면 계단의 기능이 상실되었다고 보아야 한다.

그런데 도로 확장이 되는 경우 대부분 이 계단참 부분이 절단되는 경우가 많이 있는데 이때 계단참의 잔존 폭에 대해 외벽 보수만으로 계단의 기능이 가능한지 혹은 계단을 재설계하여야 하는지에 대해 충분한 검토를 하여야 한다.

아울러 주택 건물 외부에 설치된 계단의 경우는 계단참이 없이 계단의 디딤판과 챌판이 계단의 시작인 경우가 매우 많은데, 이 경우 계단의 최초 몇 단이 절단선에 위해 수용된 상황을 보도록 하자.

계단의 챌판과 디딤판의 높이 및 크기는 건축 관련법에서 정할 만큼 중요한 요소로 계단의 경사도를 결정하는 요소이다. 만일 챌판이 높고, 디딤판이 좁다면 이 계단의 경사는 매우 심하여 노약자 등은 출입이 어려울 것이다. 일반적으로 챌판의 높이는 15cm~20cm 정도 높이이며, 디딤판의 넓이는 25cm~30cm 정도의 크기로, 건축계획적으로 디딤판의 폭과 챌판의 높이의 합은 45cm정도로 정하고 있다. 계단의 전체 크기는, 건물 층고를 기준으로 챌판의 높이에 따라 디딤판의 개수가 정해지며 이 디딤판의 개수에 따른 크기에 양측 계단참의 폭을 합산하여 결정되어진다.

이렇게 계단의 크기가 확정되어 그 건물에 가장 적절한 계단이 설치되어 있는 상황에서 아래 그림과 같이 계단의 1~2단이 절단선에 의해 철거될 경우 단지 단순히 계단1~2단을 보수한다면, 최초 계단이 너무 높아 출입이 불가능하여 계단의 기능을 완전히 상실하게 될 것이다.

이렇게 계단이 절단되거나, 계단참의 폭이 확보되지 않아 계단의 기능이 상실된다면 이 계단의 기능을 회복하기 위해 단순히 계단 1~2단의 재설치가 아니라 계단실 전체의 이동하여야 하므로, 계단실 주변의 모든 실에 영향을 미치게 되기 때문에

계단이 토지수용부분에 포함되는 경우-1

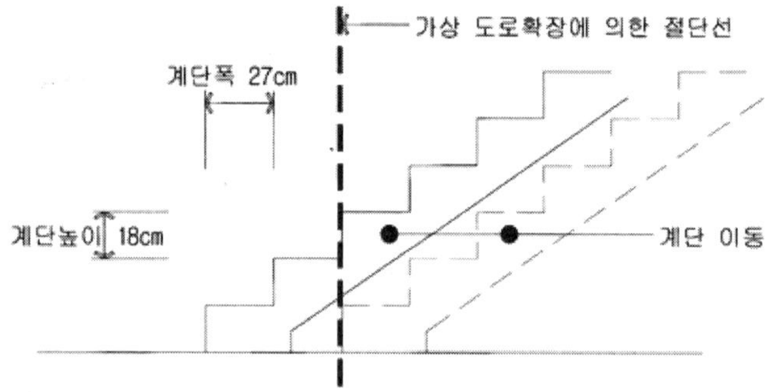

평면을 재설계하여야 한다.

계단이 절단될 경우 외관적으로 보기는 단순해 보이더라도 경우에 따라서는 재설치를 하여야 할 만큼 상당한 보수 공사비를 요할 수 있음을 명심하기 바라며, 특히 계단실에는 설비나 전기의 배관, 배선 등 주요 설비가 설치되어 있는 경우가 많아 이에 대한 상당한 보수도 수반되는 경우가 빈번함을 참조하기 바란다.

이와 함께 아래 그림과 같이 계단이 절단되어 한 계단 측이라도 계단 폭이 부족한 경우를 살펴보자.

계단이 토지수용부분에 포함되는 경우-2

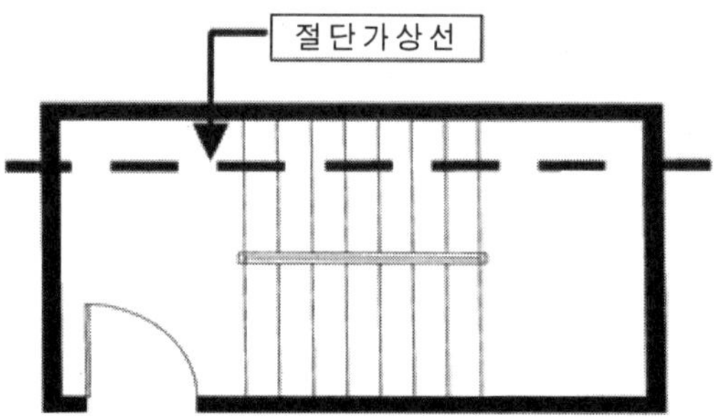

계단의 폭은 건축법상으로나 사용상 일정폭을 확보하여야 하는데, 위 그림과 같이 계단의 폭이 줄어들었다면 건축법의 위반인 경우가 발생할 수 있고 계단의 폭이 협소하여 사용이 불가능한 경우도 있을 수 있으며, 계단은 한 층에서 두 개로 형성되는 경우가 많은데 한 개의 계단 폭이 다른 계단과 차이가 있는 경우 계단 사용자에게 심리적인 불편의 요소가 될 수 있으므로, 이런 경우는 계단실의 위치 이동 등 계단을 재설계하여 계단의 기능을 확보하도록 하여야 한다.

그러나 절단가상선이 계단 외벽에서 10~20cm에 존재하여 잔존 계단 폭이 다른 측 계단 폭과 별로 차이가 발생하지 않는다면 계단의 재설치가 필요하지 않을 수도 있으므로, 잔존 건물 및 계단의 현황을 고려하여 재설계 여부에 대해 건축 관련자의 자문을 구할 필요가 있다.

3) 엘리베이터

엘리베이터는 엘리베이터를 지지하기 위한 콘크리트 PIT와 엘리베이터를 운행하기 위한 기계시설 및 엘리베이터 CAGE로 구성되어 있다.

여기서 엘리베이터 콘크리트 PIT의 일부가 토지 수용에 의해 절단되는 경우 이 PIT는 설계 당시 해당 엘리베이터의 사항에 준하여 설계되었을 것이므로, 이 PIT의 콘크리트 옹벽이 조금이라도 절단된다면 기존의 엘리베이터 사항을 충족하지 못하게 되는 경우가 대부분이다.

이럴 경우 엘리베이터 전체를 이동하도록 재설계하여 엘리베이터의 성능을 확보하도록 하여야 한다. 즉 기존의 엘리베이터 콘크리트 옹벽 철거 및 엘리베이터 전체를 철거하고, PIT용 콘크리트 옹벽을 재설치 후 엘리베이터를 재조립하는 데 소요되는 보수 공사비를 산정하여야 한다. 만일 콘크리트 PIT 일부 철거로 엘리베이터가 잔존 부분으로도 기능을 다할 수 있는 공간이 확보되더라도 철거 부분의 콘크리트 옹벽 타설 및 엘리베이터의 일부 철거와 재조립 과정에 대한 보수 공사비는 산정하여야 할 것이다.

4) 욕실, 화장실

욕실과 화장실은 내부에 설치된 각종 위생기구에 의해 기능을 확보하기 위한 최소의 공간이 확보되어야 하는 매우 기능적인 실이다. 이 화장실 및 욕실 내에 설치되는 위생기구는 대변기, 소변기, 세면대 및 욕조 등으로 구성되며, 이 위생기구가 1개씩 설치되는 경우도 있지만 사용자의 수에 따라 몇 개씩 설치되는 경우도 있는데, 각 필요한 위생기구의 개수에 따라 화장실 및 욕실의 크기가 결정되어진다.

그럼 매우 기능적인 공간인 화장실 및 욕실이 토지 수용에 의해 절단되었을 경우에 대해 논해 보자.

주거용 건물인 경우 욕실과 화장실로 구분되는데, 욕실은 대변기, 세면대와 욕조 혹은 샤워실이 설치되며 이 욕실의 크기는 1.8m×2.4m가 거의 최소 크기이다.

화장실은 세면대와 대변기에 간이 샤워기가 설치되는 경우도 있는데, 이 화장실의 크기는 1.8m×1.5m 정도로, 화장실과 욕실의 크기는 주거 각 세대의 크기와 상관없이 거의 최소 크기를 확보하여야 한다. 이 욕실과 화장실이 세대의 전용면적을 기준으로 1개 혹은 그 이상 설치되는 것이 일반적인 성향이다.

이런 상황에서 만일 욕실 등이 절단되는 외벽에 있어 일정폭이 절단되므로 인하여 최소 폭이 확보되지 않아, 그 잔존 부분이 화장실이나 욕실의 기능을 발휘할 수 없게 되는 경우가 생겨 화장실이나 욕실이 없어진다면 이 주택은 그 기능을 상실하게 된다고 보아도 과언이 아니다. 아울러 일정 규모 이상의 주택에는 화장실과 욕실이 2개 설치되어 있는데, 이때 화장실이나 욕실 2개 중 1개의 실이 절단으로 없어지는 경우도 동일하다고 보아야 한다.

욕실 등의 크기가 설계 당시 적정한 최소 폭을 기준으로 설계되고 시공되어지는 현실에서 최소 크기를 확보하여야 하는 욕실 등이 절단에 의해 일정 폭이 상실된다면, 이때는 거의 모든 경우가 욕실 등을 재설치하도록 재설계하여 보수 공사비를 산정하여야 할 것이다.

일반 사무실 등 근린생활시설에 설치된 화장실도 각 위생기구의 개수에 따라 최소한의 크기가 확보되어 있으므로 사무실 등의 화장실도 주거용과 동일하다고 보아야 할 것이다.

욕실 등의 보수 공사비는 단순히 방수와 타일 및 위생기구의 재설치뿐만 아니라 배관 파이프 공사 및 방수와 타일공사 등이 수반되므로 욕실 등의 보수 공사비는 외관적으로 보기보다는 상당할 수 있으므로 만일 욕실 등이 절단 부분에 포함된다면 이에 대한 보상금액 산정 시 적극적으로 검토, 적용하여야 할 것이다.

5) 주방

주방도 위의 욕실과 함께 주방기구 등이 설치된, 기능을 위주로 하는 공간으로서 주방에는 씽크대 등의 주방기구와 냉장고 등의 전기기구들이 설치되며, 이 기구의 설치 공간과 함께 작업 동선을 위한 공간이 확보되어야 하는 공간이다.

주방기구가 설치된 부분이 일부라도 토지 수용을 위한 절단 부분에 포함된다면 당연히 주방기구의 재설치 공간 확보를 위한 재설계를 하여야 하지만, 작업 동선을 위한 공간이 절단되는 경우도 그 공간을 위한 재설계를 하여야 한다.

아울러 주방도 배관 파이프가 설치되어 있는 공간이므로 절단선과 이 배관재의 관계를 고려하여 보수 공사비를 산정하여야 한다.

6) 정화조 및 기타 배관, 배선 등

토지수용을 위한 절단부에 지반에 매설되어 있는 정화조나 물탱크, 기름탱크 등이 포함되는지 여부를 확인하여, 만일 이 탱크 등이 포함된다면 이 탱크 등은 탱크를 절단 후 보수하여 사용하기는 불가능하므로 잔존 대지에 재설치하는 방안을 고려하여야 한다.

그러나 이 탱크 등은 지하에 매설되어 있어 현장 조사 시 확인이 어려운 경우가 많은데, 절단부분에 맨홀 등이 설치되어 있는지 정확히 조사하여야 하며, 이 탱크에 대해서는 건축주의 의견을 필히 청취하여 탱크 등의 존재 여부 및 잔존 토지에 설치 가능 여부 등을 면밀히 파악하여야 한다.

또 절단 부분에 가스미터기, 수도계량기 및 전기 분전반 등이 위치하는지 여부도 면밀히 확인하여야 한다. 그 시설이 절단 부분에 포함된다면 그 시설은 이전 설치하여야 하므로 보수공사의 범위가 확대될 수 있기 때문이다.

4. 건물 절단에 의한 보수 공사비 산정 실례

사례1. 사무소 등 근린생활시설

* 감정의뢰자 : 수도권 소재 지방자치단체

* 감정개요

본 건은 수도권 내 신도시 건설을 위한 진입도로를 확장하기 위해 지자체가 토지 수용함으로 인하여 지하1층, 지상3층의 사무소 용도로 사용하는 근린생활시설의 1층 출입구, 계단 및 화장실 부분이 절단되어 이에 대한 보수 공사비를 산정하는 감정이었다.

이 감정의 감정 사항은 다음과 같았다.

1. 잔존 건물의 구조적 안전성 및 건물의 기능적 적합 여부 검토

2. 철거되는 부분에 대한 보수 공사비 및 잔여 부분의 제 기능을 최대화하는 데 소요되는 공사비

3. 철거되는 부분의 철거 공사비

OO 사무소 건물절단에 의한 보수공사비 산정

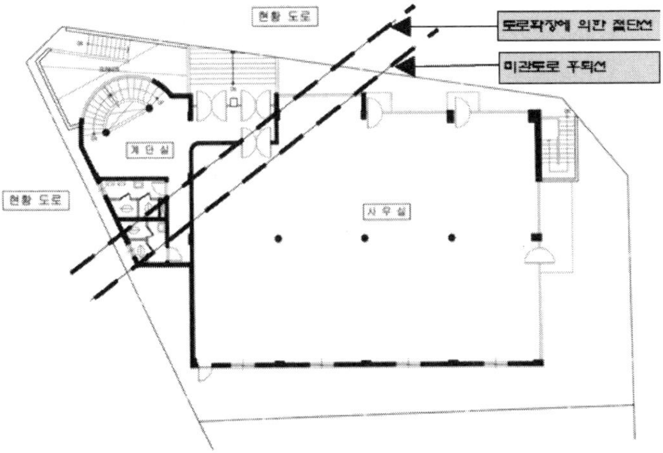

건물 절단 전

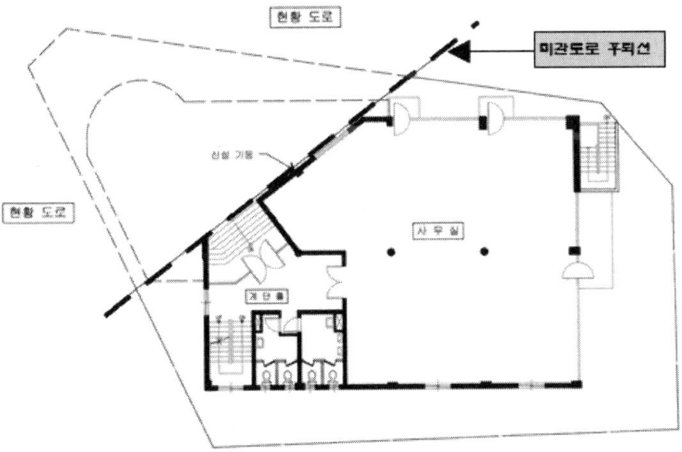

건물 절단 후

* 감정 진행 사항

본 감정 사항에서 요구하는 구조적 안전성 검토를 위해 필자가 현장 조사 해본 결과 본 건물은 약 15년 전에 신축되었으나 구조체의 균열 등이 미세하여 구조적 안전하다고 판단하였으며, 건물 절단에 의해 일부 기둥이 철거되므로 잔존 부위에 2개의 신설 기둥과 신설 보로 보강공사를 하여 구조적으로 안전하게 사용이 가능하도록 설계변경을 하여 건물의 안전을 확보하였다.

본 대지는 미관지구로 도로 수용을 위한 절단선에서 해당 지자체 도시계획조례에 의거하여 건축선을 2m 후퇴하여 건축선을 확정하여 확인해보니 1층 출입구 및 출입계단과 화장실, 주계단이 모두 절단 부분에 포함되어 있었으며, 잔존 부분은 거의 사무용도 부분이었다.

이 잔존 부분에 주계단과 화장실 및 1층 출입시설을 재설계하여 과거의 기능을 최대한 확보하도록 하였으며, 각층 바닥면적은 철거 전 약 116평, 철거 후 잔존 부분의 각층 바닥면적은 86평으로, 건물의 효율적 사용 측면에서 최유효이용 상태는 아니었다. 각층에서 사용하는 전용면적의 감소가 인정되나, 일반적인 건축 통념상 건축물의 구성 면적에는 부족함이 없다고 판단하여 계단, 화장실 및 외벽 등을 신설하고, 이에 따라 외벽 및 내부의 일부 마감 교체 및 설비, 전기 배관, 배선을 교체하면 건물의 기능을 유지하는 데는 지장이 없는 것으로 판단하여 감정을 진행하였다.

감정 사항에서 도로 수용으로 철거되는 부분의 철거비 산정을 요구하여, 이 철거비는 보수 공사비 산정과는 별도로 산정하여 감정 결과에 첨부하였다.

사례2. 숙박시설

* 감정의뢰자 : 서울행정법원

* 감정개요

본 건은 서울 도심지에 위치한 숙박시설의 전면 도로가 확장됨으로 인하여 숙박시설의 전면 외벽체가 약 1.3m 절단되어 이에 대한 보수 공사비를 산정하는 감정으로, 토지수용위원회의 재결정 과정에서 건축주가 불응하여 행정법원에 소송을 제기한 사건이었다.

이 건물은 지상1층에 주차장과 숙박시설 접수대와 지상2~5층에는 층별 객실 8개, 지하층은 노래방이 있었으며, 절단부분에는 전면 객실 각층 4개와 지하 노래방과 계단실이 포함되어 있었다.

* 감정 진행 사항

본 숙박시설의 절단부에 포함된 부분 중 기능에 상당한 지장을 초래하여 재설계 시 중점적으로 고려된 부분은 다음과 같았다.

① 각층 전면 객실 4개

전면 객실은 폭은 4m, 깊이는 3m로, 객실 깊이 3m가 1.3m 절단되고 1.7m가 잔존하여 숙박시설 객실로의 효용가치가 전혀 없게 되는 상황이었다.

그러므로 전면에 4개의 객실을 3개로 변경하여 각 객실의 효용 가치를 최소한 회복하도록 재설계하여야 하였으므로, 전면 객실에 부속된 욕실은 절단부에 포함되지 않았지만 재설계에 따라 욕실까지 모두 신축에 준하는 보수를 하여야 하였으므로 보수 공사비가 상당하였다.

② 계단실 및 엘리베이터

계단실의 전면 계단참이 절단 부분에 포함되므로 계단을 후면 쪽으로 후퇴하여 재배치하도록 재설계함으로 인하여 계단 후면에 위치한 엘리베이터가 후퇴하게 되어 기존 엘리베이터를 완전 철거 후 엘리베이터 옹벽 및 엘리베이터를 재설치하도록 재설계하여 이를 기준으로 보수 공사비를 산정하였으며, 엘리베이터 홀에 전기 분전함 및 모든 설비 배관 파이프가 위치하여 이에 대해서도 거의 신축에 준하는 보수 공사비를 산정하였다.

* 감정 후기

전면 객실부 전체와 계단실 및 엘리베이터와 엘리베이터 홀 부분을 거의 신축에 준하는 건축 관련, 설비 및 전기까지 보수 공사비를 산정한 결과 상당한 보수 공사비가 산정되어 행정소송의 피고 측인 지자체로부터 보수 공사비로는 매우 과하고, 특히 설비와 전기 부분은 신축에 준할 만큼 과다한 보수 공사비가 아닌가? 하는 사실조회까지 접하였다.

그러나 건물 절단에 의한 숙박시설로써의 최소한 기능 회복을 위하여는 불가피하였으며, 설비, 전기는 거의 모든 시설이 집중된 부분이 철거되므로 거의 모든 전기 및 설비 시설을 재시공할 수밖에 없었던 불가피한 상황이었다.

본 감정은 전면의 외벽 부분만 건물 절단이 되는 일반적인 상황으로 보이나, 건물의 최소한의 기능 회복을 위하여 주변의 많은 시설이 관련되어 재설계에 의해 보수하여야 하므로 보수 공사비가 상당할 수도 있다는 것을 보여주는 대표적인 사례라고 보여지는 감정이었다.

숙박시설 건물절단에 의한 보수공사비 산정

건물 절단 전

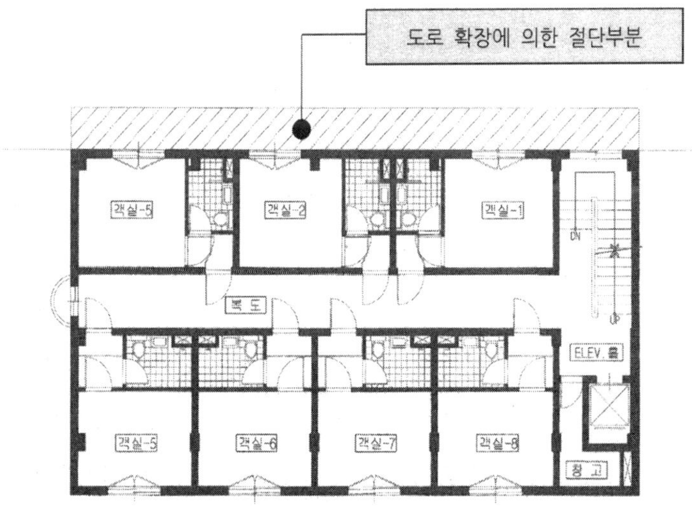

건물 절단 후

사례 3. 주거시설

* 감정의뢰자 : 중앙토지수용위원회

* 감정개요

본 건은 서울 주택가에 위치한 지상2층, 지하1층의 다세대 주택으로 지하1층과 지상1층은 각 2세대, 지상2층은 1세대인 일반적인 주택으로, 지하1층과 지상1층은 각 세대별로 침실이 2개씩 배치되어 있었으며, 2층은 단독세대로 구성되어 있었다.

본 다세대주택은 진입 부분은 계단부분이, 우측면 세대는 사선으로 침실 부분이 도로확장으로 인하여 절단되어지는 상황이었다.

* 감정 진행 사항

진입 부분의 대부분 진입계단이 절단으로 인하여 상실되므로, 이 진입계단을 확보하기 위하여 우측면 세대 일부에 진입계단을 확보하였다.

이미 우측면 세대의 침실은 절단선에 의해 기능이 상실되었으며, 진입계단 확보로 인하여 주방부분까지 기능이 상실되어 기존의 침실 2개를 침실 1개의 세대로 변경하였으나 전용면적이 절대적으로 부족하여 절단이 없는 좌측면 세대 화장실을 그 세대 내의 협소한 침실로 이동하여 우측면 세대의 전용부분의 면적을 확보하도록 재설계를 하여, 결과적으로 지하1층과 1층의 모든 세대가 침실이 1개만 있는 세대로 변경될 수밖에 없는 형태가 되었다.

* 감정 후기

본 감정에서도 도로 확장에 의한 건물 절단 부분에 직접적인 영향이 없는 부분까지도 절단에 의한 재설계 시 영향을 받을 수 있다는 보여주는 감정이었다.

아울러 세대별 전용면적이 줄어들었음으로 인하여 지하층과 1층에 각 세대가 침실이 2개였으나, 침실이 1개인 세대로 구성될 수밖에 없으므로, 이로 인한 경제적인 손실이 보상에 적절히 반영될 수 있었는가 하는 의문이 드는 감정이었다.

다세대 주택 절단에 의한 보수공사비 산정

건물 절단 전

건물 절단 후

2-6. 건물의 가치 산정을 위한 공사비 감정

1. 건물의 가치 산정을 위한 공사비 감정이란 무엇인가?

건물은 건축물이 완공되는 시점부터 시간이 경과함에 따라 감가상각에 의해 가치는 일정 부분씩 감해지게 된다. 즉 완공 당시의 신축 공사비가 그 건물의 제조달 원가로 최고 가치가 되며 그 신축 공사비를 기준으로 각 공종별로 그 가치가 시간의 흐름에 따라 노후화되는 정도만큼 그 가치는 점차로 줄어들게 되는 것이다.

이는 건물뿐만 아니라 토지를 제외한 제조된 모든 제품에 관해 동일하게 적용되는 것으로, 이에 대한 전문적인 법규 및 사항에 대해서는 이 책에서는 논외로 하고, 건물에 대한 가치 산정에 건축 전문가가 수행하여야 하는 건축물 감정에 관한 부분에 대해서만 논하기로 하자.

일반적으로 건물의 가치에 관한 감정은 주변의 시세 등을 고려하거나 그 건물의 신축 단가를 기준으로 간접 산정 방식을 적용하여 감정평가사가 수행하고 있는 것이 현실이다.

건축물에 대해 전문 지식을 갖추지 않은 감정평가사가 건축물의 가치 산정을 하는 것이 옳은 제도인가? 하는 문제는 부동산의 시세에 대해 전문적으로 판단하는 감정평가사의 영역을 기초하여 이 책에서는 더 이상 논하지 않도록 하겠다.

건축물은 한 가지 제품이 아닌 매우 여러 종류의 제품으로 구성되어 있으며 그 제품 각각의 수명은 동일할 수가 없고, 노후되어 제품으로의 가치를 상실하는 시간도 제품마다 모두 동일할 수 없다.

만일 건물을 전혀 보수하지 않고 사용한다면 일정기간이 경과하더라도 건물의 콘크리트 구조물의 노후 정도는 건물 유지에 큰 지장이 없을 수 있으나, 페인트칠은 그 시점에서 매우 노후화하였을 것이며, 설비 파이프는 물이 새고 새로운 설비공법에 의해 당시의 시설은 매우 불편한 시설로 전락해 있는 등 한 제품으로만 구성되지 않은 건축물의 특성이 나타나게 된다.

일반적으로 건물의 재건축 시점을 신축 후 20~30년으로 보는 이유가 신축 당시 건물을 충실히 시공하였다면 건물의 콘크리트 구조물의 위험 수준의 기준인 최소 45년 이상이므로 안전하다 할 수 있겠으나, 여타 마감은 노후가 진행되었을 것이며, 이미 유행이 지난 건물 공간 및 마감이 사용자에게 심정적인 나쁜 영향을 주어 그 건물의 가치를 상실하기 때문이다.

위에서와 같이 건물의 노후 정도는 각 공종별로 다르게 나타나는 것으로 보아 일정기간이 경과한 건물의 가치는 각 공종별로 노후 정도를 감가상각에 의해 산정하여 합산하면 건물의 가치를 확정할 수 있을 것이다.

현실적으로 건물의 가치를 감정하는 경우, 건축전문가인 건축 감정인은 그 건물을 신축하는데 소요되는 공사비를 각 공종별로 산정하여야 할 것이며, 건물의 가치를 판단하는 감정평가사는 가격시점에 있어서 평가대상 목적물을 재생산 또는 재취득하는 데 소요되는 재조달 원가에 감가 수정을 가하여 대상물건이 가지는 현재의 가격을 산정 하는 것으로…감정평가에 관한 규칙 제4조 3호(원가법), 감가수정이라 함은 대상물건에 대한 재조달 원가를 감액하여야 할 요인이 있는 경우에 물리적 감가, 기능적 감가 또는 경제적 감가 등을 고려하여 그에 해당하는 금액을 재조달 원가에서 공제하여 가격시점에 있어서의 대상물건의 가격을 적정화하는 작업을 말함… 감정평가에 관한 규칙 제4조 4호에 의거하여 각 공종별로 감가수정을 하여 당시의 건물의 가격, 즉 가치를 확정하여야 하는 것이다.

즉, 건물의 가치 산정을 위한 공사비 감정에서 건축 감정인은 각 공종별 세분된 공사비를 산정하고, 이 각 공종에 대해 감가수정은 감정평가사가 수행하여 건물의 가치를 산정하는 감정의 종류를 말하는 것으로, 감가수정에 대한 자세한 내용에 대해서 현실적으로 필자가 논하기는 어려우므로 본 책에서는 논외로 하고, 건물의 가치 산정에 관한 감정 시 건축 감정인은 각 공종별로 세분된 공사비를 충실히 산정하여야 할 것이다.

2. 건물의 가치 산정을 위한 공사비 감정의 종류

건축 감정인의 입장에서 볼 때 건물 가치 산정에 관한 감정은 '현존가치 산정' 과 '유익비 산정' 이 있는데, 이에 대해서는 논해 보도록 하자.

1) 현존가치 산정

현존가치란 건물의 현재의 가치 산정을 의미하는 것으로, 일반적인 감정평가 시 토지를 제외한 건물의 현재 가치를 산정하는 감정이다.

건물의 가치를 산정하기 위한 목적물인 건물이 일상적으로 사용되어지고 있는 상태라면, 주변의 시세 등을 고려한 감정평가사의 간접산정 방식의 감정이 현실적으로 통용되고 있으므로 현실을 감안한다면 굳이 건축 감정인의 건축 공사비 산정이 필요하지 않을 것이다. 그런데 건물이 일상적으로 사용되지 않은 상태인 경우로 주변 시세 등을 고려하기 어려운 경우라면, 예를 들어 공사가 중단된 상태로 장기간 방치된 경우 혹은 콘크리트 옹벽, 저수조 등과 같이 지하구조물 및 변전소, 주차장 등 주변 시세 등을 반영하기 어려워 간접 산정 방식의 감정을 수행하기에는 불가능한 특수한 건축물인 경우에 건축 감정인이 각 공종에 대한 공사비를 산정하고 감정평가사가 각 공종에 대한 감가수정 작업을 함으로써 그 건물의 가치를 산정하는 것이 현존가치를 산정하는 감정인 것이다.

이 현존가치는 조사 당시의 건물 가치를 산정하는 것이므로, 특별히 요구하는 시점이 확정되어 있지 않다면, 감정 시점을 기준으로 각 공종별 공사비를 산정하여 제시하여야 한다.

사례1. 공사가 중단된 상태로 장기간 방치된 건물의 현존가치 산정

* 감정의뢰자 : 수도권 소재 모지방법원(감정평가사와 협업)

* 감정개요

본 감정 목적물은 수도권 신도시에 지하4층, 지상8층의 약 20,000㎡의 근린생활시설이며, 1997년 공사가 중단된 건물로, 이 건물의 소유권 이전 등기를 위한 민사소송이었다. 이에 따라 현장 조사 당시인 2006년 1월을 기준으로 당시의 시가를 요구하는 감정이었다.

* 감정의 진행

현장 조사 결과 본 건물은 철골 철근 콘크리트 구조체와 벽돌 및 설비, 전기공사 배관, 배선은 완료되었으며, 내외부 마감 및 엘리베이터, 설비, 전기 부품 등이 미시공된 상태였다.

필자는 공사가 완료된 부분에 대해 현장 조사 시점의 공사비를 반영하여, 각 공종별 공사비를 세분하여 산정하여 제시하였으며, 이 공종별 공사비를 기준으로 감정평가사가 각 공종에 대해 감가수정을 하여 현재의 건물 가치를 산정하였다.

사례2. 특수한 건물의 현존가치 산정

* 감정의뢰자 : 감정평가사와 협업

* 감정개요 및 진행사항

본 감정은 모 전력회사의 기업가치 산정을 수임받은 감정평가사가 그 업무 중 특수한 건물인 그 기업에서 운영하는 변전소 건물의 현존가치를 산정하기 위하여 그 변전소 건물의 각 공종별 공사비 산정을 의뢰한 감정으로, 제시된 공사비 산정 시점을 기준으로 각 공종별 공사비를 산정하여 제출하였다.

사례3. 특수한 건물의 현존가치 산정

* 감정의뢰자 : 지자체(감정평가사와 협업)

* 감정개요

본 감정은 지자체가 도로의 확장으로 토지를 수용하는 과정에서 수용되는 토지에 레미콘 공장이 포함되어 있어, 그 레미콘 공장에 설치된 시설물, 예를 들어 옹벽, 방음벽, 노출된 콘크리트 구조의 저수조 및 가설시설물 등의 가치를 산정하기 위하여 그 시설물의 신축 공사비를 산정하는 감정이었다.

필자가 각 시설물의 세분된 공종별 공사비를 산정하고 그 공종별 공사비에 감정평가사가 감가수정을 하여 각 시설물의 현존가치를 산정하였다.

2) 유익비 산정

'유익비' 란 임차인이 건물의 효용증진을 위한 공사로 인한 건물의 가치증가 현존액을 의미하는 것으로, 민사소송에서 '유익비상환청구권' 이란 임차인이 임대차관계로 임차상가건물을 사용 · 수익하던 중 그 객관적 가치를 증가시키기 위해 투입한 비용이 있는 경우, 임대차 종료 시에 그 가액의 증가가 현존하는 때에 한해 임대인에게 임대인의 선택에 따라 임차인이 지출한 금액이나 그 증가액의 상환을 청구할 수 있는 것을 말한다.

그러나 임차인이 주관적 취미나 특수한 목적을 위하여 지출한 비용은 유익비에 포함되지 않는다. 즉, 임차인이 임차건물을 건물용도나 임차목적과 달리 자신의 사업을 경영하기 위하여 시설개수비용이나 부착한 물건의 비용을 지출한 경우 등은 유익비에 해당하지 않는다.

이 유익비와는 반대 개념으로 필요비가 있는데, 이 필요비는 건물의 유지를 위해서는 필수적으로 들어가야 하는 비용으로, 예를 들어 지붕에 비가 새면 지붕 공사를 하는 것, 바닥에 타일을 까는 것 및 보조키의 설치나 보일러 설치비용 등 건물에는 없어서는 안 되는 필수적인 비용인데 이 필요비는 투입 공사비로, 위의 '공사비 산정' 항에서 다루었으므로 이에 대해서는 본 항에서 별도로 한다.

이 유익비는 건물의 가치증가 현존액, 즉 현재의 가치이므로, 건축 감정인은 건물의 효용증진을 위한 공사로 인하여 건물의 가치가 증가된 공종의 범위를 확실히 확정하고, 위의 현존가치 산정과 동일하도록 각 고종별 공사비를 산정하여 제시하면 될 것이다.

유익비도 일종의 현존가치이므로 공사비 산정 시점은 감정 시점을 기준으로 하는 것이 원칙이나, 필자의 경험으로는 유익비 산정 시 일반적으로 공사비 산정 시점이 제시되는 경우가 많으므로 제시된 공사비 산정 시점에 따르면 될 것이다.

유익비 산정에 관한 감정은 임차인이 계약기간이 만료된 상황에서 빈번하게 발생하는 소송 감정으로 건축 감정인은 생소할 수 있으나 건물의 가치증가 현존액이므로, 생소한 분야라 하더라도 제시된 공사비 산정 시점을 기준으로 각 공종별로 세분화된 공사비를 제시하면 된다는 것을 명심하길 바란다.

3. 건물의 가치 산정을 위한 공사비 감정 시 주의할 사항

현존가치나 유익비 산정 시 각 공종별 공사비를 산정하는 경우 일반적인 공사비 산정과 비교해 보면 표기에서 일부 차이가 있을 수 있으므로 이에 대해 논해 보자.

본 감정은 위에서 언급한 바와 같이 각 공종별 세분화된 공사비를 각 공종별로 그에 준하는 감가수정을 하는 기법으로 감정을 하는데 이 경우 현물이 존재하는 공종에 관하여, 예를 들어 철근콘크리트 구조물은 내구연한이 45년인데 현재까지 사용 연한은 20년이므로 이에 준하는 20년에 대한 45년의 비율로 감가수정이 가능하나, 감정 당시 현물이 존재하지 않는 가설공사와 제경비, 이윤에 대한 감가수정은 불가능하다.

감가수정이 불가능한 항목이므로 이 항목을 제외하여야 하는가?

필자는 비록 감정 당시 현물이 존재하지는 않지만 공사 당시에는 분명히 투입된 공사비로 보아 제외하는 것은 타당하지 않다고 본다.

필자의 경우는 건물의 가치 산정인 경우 가설 공사비와 제경비 및 이윤에 관한 공사비를 각 공종별 공사비의 비율로 나누어 각 공종별 공사비에 각각 합산하여 각 공종별 공사비를 산정하는 방법을 사용한다.

예를 들어 가설 공사비가 100원, 제경비 및 이윤이 50원이고, 철근콘크리트의 순 공사비가 1,000원, 조적 공사비의 순 공사비가 500원이라고 가정하여 보자.

그럼 철근콘크리트와 조적공사의 순공사비 총액은 1,500원이며, 가설 및 제경비와 이윤의 부대 공사비 총액은 150원이 될 것이다.

그럼 철근콘크리트 총공사비는 순공사비 1,000원에 부대 공사비의 비율에 따른 금액, 즉 철근콘크리트 순공사비(1,000원)÷순공사비 총액(1,500원)×부대 공사비 총액(150원)=100원을 합산한 1,100원으로 철근콘크리트 공사비를 제시하고, 위와 같은 방법으로 조적 공사비는 650원을 제시한다.

위와 같은 방법으로 현존하는 각 공종에 대한 세분화된 각 공종별 공사비를 산정하여 제시하면 될 것이다.

아울러 현존하지 않는 공사비로 철거공사가 있는데 이 철거 공사비도 일반적인 경우 가설공사 등과 동일하게 적용하나, 철거비는 각 감정마다 상황이 다를 수 있으므로 각 현장의 상황에 따라 감정인의 경험을 바탕으로 적절한 방법을 선택하여 적용하길 바란다.

2-7. 철거비 및 원상복구비 산정을 위한 감정

1. 철거 및 원상복구비 산정을 위한 감정이란?

일반적으로 임대차 계약서에 임대 기간 만료 시에 임차인이 필요에 의해 설치한 시설에 대해 원상복구하도록 명시되어 있다. 그런데 임차인이 임차인의 필요에 의해 설치한 시설을 원상복구하지 않은 경우 임대인은 이 시설에 대한 철거 및 원상복구 공사비에 관한 비용을 청구하기 위하여 민사소송을 제기할 때 그 철거비 및 원상복구비 산정에 관한 감정을 하게 된다.

앞서 살펴본 유익비 산정과는 반대 상황으로, 이 공사비 산정은 임대인이 소송을 제기하는 것이나 건축 감정인은 상반된 두 상황에 대해 특별히 고려할 필요 없이 감정목적 및 감정 사항에 준하여 감정을 수행하면 될 것이다.

본 감정에서 공사비 산정 시점은 특별히 지정되지 않았다면 감정 개시 시점이나 현장 조사 시점을 기준으로 적용하면 된다.

2. 철거 및 원상복구비 산정을 위한 감정의 사례

사례. 학원 인테리어 시설의 철거 및 원상복구비 산정

* 감정의뢰자 : 서울 소재 모지방법원

* 감정개요 및 진행사항

본 감정 목적물은 서울 소재 지하2층, 지상5층의 상업용 건물로 본 건물을 임차인이 건물 전체를 학원으로 사용하던 중 계약기간이 만료된 상황에서 임차인이 학원 시설을 철거하지 않아 임대인이 건물명도 소송을 위하여 철거 되지 않은 학원 시설을 철거하고 원상 복구하는 데 소요되는 공사비 산정을 의뢰한 감정이었다.

본 감정 시 인테리어 공사 전의 설계도면은 제시되었으나, 학원 인테리어 설계도면은 제시되지 않아 현황을 실측 후 설계도면을 작성하고, 이 설계도면에 학원 인테리어 시설 부분을 표기하여 철거부분의 공사 범위를 확정하였다. 그리고 학원 인테리어 공사 전의 상황 파악은 불가한 상황이었으므로 공사 전 상황은 일반적인 근린생활시설의 마감을 기준으로 설치되어 있는 학원의 인테리어 시설을 철거하고 원상 복구하는 데 소요되는 공사비를 산정하였다.

2-8. 기타 건축에 관한 감정

위에서 논한 감정의 종류 외에도 상황에 따라 다양한 건축물의 감정이 있을 수 있으나, 일반적으로 발생하는 감정에 대해 위에서 논하였으며 본 항에서는 위에서 논한 감정 외에 발생할 수 있는 감정에 대해 필자의 경험을 바탕으로 몇 가지 정리하여 보았다.

1. 구조 안전을 위한 보강 공사비 산정에 관한 감정

건물의 구조가 불안전한 경우 건축구조기술사는 그 건물의 안전성 여부 및 구조 보강 방안을 제시하게 된다. 이 건물 보강공사를 수행하는 데 소요되는 공사비를 산정하는 감정을 구조안전 보강 공사비 산정이라고 한다.

예를 들어 건설사가 건물을 신축하였는데, 이 신축된 건물이 기초 하부 토지가 매립토 등으로 취약하여 건물이 일부 기울어져 구조적 안정성이 취약해졌을 경우, 건축주는 건설사에게 건물의 보강을 요구하게 된다.

이때 건축주와 건설사 간에 이 보강에 대해 이견이 생겨 분쟁이 발생하였다면, 이 건물에 대해 건축구조기술사가 구조 안전진단을 수행하여 건물의 안전성 여부와 만일 불안전하다면 구조보강 방법을 제시할 것이며, 이에 소요되는 보강 공사비를 산정하는 감정을 해야 한다.

필자는 이 감정을 직접 수행해 본 바는 없으나, 이에 유사한 감정으로는 도로 확장으로 건물이 절단되어 사업시행자인 지자체에서 철거하여야 하는 부분인 도로 확장 부분에 포함된 건물을 철거하는 과정에서 일부 철거된 건물의 구조 안전을 위한 공법에 대한 방안을 건축구조기술사에게 의뢰하였다.

구조기술사는 일부 철거 건물의 구조 안전 방안을 제시하였으며, 필자는 이 구조

안전 방안을 시행하는 데 소요되는 공사비를 산정하였던 유사한 경험이 있다.

2. 이전 설치 공사비 산정에 관한 감정

본 감정은 아파트 조합측이 건설사를 상대로 손해배상을 청구한 사건으로, 건설사가 아파트 사업승인을 득하고 아파트 공사 중, 도시계획도로가 미관도로로 지정되어 그 도로에 대한 미관도로 2m 후퇴 규정이 신설되었다.

그러나 건설사는 이 규정의 적용을 고려하지 못하고 미관도로의 2M 후퇴 규정을 적용하지 않은 상태에서 도로 경계선에 방음벽을 설치하고 사용검사를 신청하였으며, 해당 지자체는 이 사실을 검토하지 않은 채 사용승인 허가를 승인하였다.

입주자가 아파트에 입주한 지 약 1년이 경과한 후에야 해당 지자체가 이를 발견하고 아파트에 해당 방음벽이 법에 저촉되므로 이전 설치할 것과 일정 금액의 강제이행금을 통보하였다.

입주자는 건설사를 상대로 이 현재 불법 시설물인 방음벽을 도로선에서 2m 후퇴한 위치에 이전 설치할 것을 내용으로 손해배상 청구소송을 하였으며, 필자는 그 방음벽을 현행 관련법에 적법하도록 이전 설치하는 공사비를 산정하였다.

아울러 아파트 측은 불법 여부를 파악하지 못하고 사용승인 허가를 내 준 해당 지자체를 상대로 행정소송을 준비하고 있다고 하였다.

3. 불법 증축 부분 확인 및 철거 공사비 산정에 관한 감정

* 감정의뢰자 : 수도권 소재 모지방법원

* 감정개요 및 진행 상황

본 감정은 다세대 주택으로, 원고가 다세대 주택의 한 세대를 명도하였으나 원고가 명도한 세대가 명도 전 이미 불법 증축이 되었으며, 피고는 불법 증축 부분을 포함한 면적을 기준으로 분양금액을 책정하고 피고에게 명도하였다.

원고는 불법 증축 부분을 인지하지 못하고 입주하여 생활하던 중 해당관청으로부터 불법 증축 통지를 받았고, 불법 증축 부분에 대한 분양금액 반환을 요구하였으나 피고가 이에 응하지 않아 손해배상 청구소송을 진행한 상황이었다.

이 소송의 감정 내용은 불법 증축 부분을 확정하고 그 부분을 철거하여 원상 복구하는 데 소요되는 공사비를 산정하는 감정이었다.

필자는 그 세대의 '건축물관리대장' 과 비교하여 불법 증축 부분을 확정하여 기허가된 세대의 설계도면을 작성하고, 현황 설계도면을 작성하여 불법 증축 부분을 표시하고 그 부분을 철거하여 원상 복구하는 공사비를 산정하였다.

4. 설계비 산정에 관한 감정

건축사나 엔지니어링 회사에서 설계 용역을 수행하는 과정에서 설계 용역이 중단된 경우 그 과정까지의 용역비를 정산하게 되는데, 그 정산되는 용역비가 얼마인가 하는, 즉 설계 용역비의 기성율 혹은 기성고에 대한 감정이다.

앞서 언급한 것이 건물을 신축 혹은 유지하는 과정에서 발생한 건물에 대한 감정이었다면 이 감정은 용역 대가에 대한 감정이다.

일반적으로 이 용역 대가는 대한건축사협회에서 발간한 '건축사 업무대가기준' 을 근거로 산정한다고 한다.

그러나 설계 도서를 작성하는 업무가 외부 협력 업체의 용역도 많으며, 설계도면의 작성 범위가 대체로 명확하지 않은 상황에서, 위의 '건축사 업무대가기준' 에도 이를 명확히 명시하고 있지 않다.

필자는 아직 이 감정을 직접 수행해 보지 않아 다른 감정인의 몇 가지 감정서를 확인하여 보았으나, 각 감정인마다 본 감정을 수행하는 방법이 동일하지 않으며 명확한 감정의 근거를 찾기도 어려웠다.

이는 설계용역의 특성을 고려할 시 충분히 이해는 가지만 앞으로 용역비에 대한 분쟁은 더욱 빈번해 질 것으로 판단되어지므로 법원을 비롯한 건축에 관련된 분들의 많은 연구에 의해 본 감정에 대한 정확한 지침이 만들어지기를 바란다.

5. 건물 현황 확인을 위한 감정

* 감정의뢰자 : 수도권 소재 모지방법원

* 감정개요 및 진행 상황

본 감정은 건축물 관리대장 상의 건축물 현황도에는 지하저수조로 되어 있는 부분을 건축주(피고)가 임대용으로 불법용도 변경을 하고, 그 불법용도 변경 부분의 환기와 채광을 위하여 3개소에 드라이에어리어를 설치하여 원고에게 의류 가내공장으로 임대를 하여 사용하던 중, 폭우로 인하여 그 부분에 우수가 심하게 침투하여 원고의 보관 및 생산 중이던 의류가 손상하게 되었다. 우수 침투의 원인을 확인하기 위한 건물 현황 감정이었다.

의류의 손상 비용에 대하여는 손해사정인이 감정을 하였고, 필자는 불법 용도변경된 부분의 확정과 불법으로 설치된 드라이에어리어의 현황이 우수의 침투가 용이한지 여부를 확인하는, 현재의 건축적 현황을 파악하여 우수의 침투에 대한 책임을 확정하고자 하는 감정이었다.

통상적으로 건축물의 감정은 감정 사항의 확정과 그에 따른 공사비를 산정하는 업무였으나, 공사비를 산정하지 않고, 감정 사항만을 확정한 특이한 감정으로 기억된다.

본 감정을 접하면서 앞으로 건축물에 대해 첨예한 분쟁이 발생하는 경우에는 본 감정과 같이 공사비 산정보다는 분쟁 내용의 책임 소재의 규명을 확정하기 위한 현황 분석 감정이 더욱 많아질 것으로 추정할 수도 있을 것 같다.

3. 건축물 감정 시 감정서 작성 방법

앞에서 언급한 바와 같이 건축물의 감정은 건축물의 감정 사항을 확정하는 부분과 확정된 감정 사항에 대한 공사비 산정으로 나눌 수 있다.

이 두 부분에 대해 감정의 결과물인 감정서에 명확히 명기하여 제출하여야 하는데, 본 항에서는 이 감정서를 어떻게 명기하여 작성하는가에 대해 알아보도록 하자.

본 책에서는 편의상 건축물의 감정 사항을 확정하는 부분을 '감정 보고서' 로 하고, 감정 사항에 대한 공사비 산정 부분은 '공사비 산정' 이라 하겠다.

3-1. 감정 보고서 내용 및 작성 방법

건축물 감정서는 큰 의미에서 본다면 건축에 관련된 보고서로 볼 수 있다. 건축에 관련된 보고서를 건축에 관련된 해당 사항을 분석하고 그 결과를 도출하여 작성된 문서라고 볼 때, 감정보고서는 일반 보고서 중 분쟁의 기준을 제시하는 특수한 보고서로 일반 보고서와는 표기법에서 차이가 있어야 한다는 의견이다.

필자는 감정이라는 특수성을 고려할 때, 감정의 목적이나 진행사항보다는 감정 결과가 쉽게 나타나도록 표기하여야 한다고 생각한다.

1) 감정 보고서의 표기 형식

일반적으로 제출된 감정보고서를 보면 크게 다음 세 가지 방식으로 표기되고 있다.

첫째 경우는 일반 보고서의 작성 방법을 준용하는 경우(이하 '일반 보고서')로 '과업의 목적' 부터 시작하여 과업의 진행과정 등을 상세히 나열한 후 과업의 결과, 즉 감정 결과는 보고서 후반부에 기재하는 일반적인 보고서의 형식을 따르는 보고서이다.

두 번째 경우는 일반 보고서를 감정이라는 특수성을 적용한 경우로(이하 '보고서 준용 감정 보고서'), '감정 결과 요약문'을 감정서 맨 처음에 제시하고 있다.

그 요약문에는 1. 감정개요, 2. 감정의 목적, 3. 감정대상의 범위, 4. 감정의 결론 등이 제시되어 있으며, 그 후에 감정개요 및 감정 사항을 제시하고 있는데, 감정의 특수성을 고려할 때 매우 충실히 작성된 보고서의 형식으로 보인다.

세 번째 경우는 감정평가사가 작성하는 감정평가 보고서의 형식을 준용한 보고서(이하 '감정 보고서')로, 그 보고서 처음 감정보고서에 1. 사건번호(소송의 경우), 2. 감정목적, 3. 감정 목적물, 4, 감정 사항이 있으며, 그 다음 감정 결과와 공사비 산정의 의견이 제시된 후, 감정 사항에 대한 설명이 제시되는 형태이다.

위 세 가지 일반적인 형태의 감정 보고서의 표기 방법에 대한 장단점을, 감정보고서는 건축을 전문으로 하지 않는 비전문가가 판단하기 수월하여야 한다는 전체로 보면, '일반 보고서' 형식의 감정서는 감정 결과 부분을 쉽게 확인하기 어려운 형식으로 별로 바람직하지 않다고 생각된다. 감정 결과는 수월하게 확인되어야 하므로 위 '보고서 준용 감정 보고서'의 경우처럼 감정 결과 요약문으로 모든 감정에 대한 사항을 한 번에 확인하도록 작성된 보고서가 지극히 바람직한 감정서 형식으로 보인다.

그런데 이 '보고서 준용 감정 보고서'는 감정 결과의 결과물이 조금 복잡한 경우, 감정서 후반부나 일반인에게는 생소한 내역서 등에서 확인하여야 하며, 감정 결과의 공사비 산정 의견이 후반부에 제시되어 있어, 공사비 산정의견을 건축비전문가가 확인하기에 조금은 어려움이 있다. 상기 두 보고서 형식은 건축 관련자에게는 익숙한 보고서 형식이므로, 본 책에서 더 이상 언급을 하지 않겠다.

필자는 본의 아니게 민사소송을 전문으로 하는 감정평가사와 함께 건축물 감정을 시작하게 된 영향으로, 위 세 번째 보고서 형식인 '감정 보고서' 형식을 건축물 감정 시 사용하고 있다. 이 형식이 비록 건축 분야와는 다른 업역에서 차용한 형식이기는 하나, 보고서의 형식에 장점이 많아 본 책에서는 이 보고서 형식에 대해 법원에서 수임된 감정을 기준으로 논해 보도록 하겠다.

그러나 '보고서 준용 감정 보고서' 의 형식에서 일부만 보완한다면 건축 관련자에게 익숙한 보고서이고 좋은 형식의 보고서로 생각되나, 이 책에서는 필자의 기준으로 '감정 보고서' 형식에 대해 논할 것이니 넓은 이해 바란다.

2) 감정 보고서의 내용

필자가 사용하는 보고서의 형식에 대해 보고서의 순서에 따라 논해 보면 다음과 같다.

가. 감정 보고서

감정 보고서 앞에 '본 감정을 성실하게 작성하였다' 는 내용과 서명란을 만들고, 1. 사건번호, 2. 감정 목적, 3. 감정 목적물 과 4. 감정 사항을 기재한다(다음 실례 참조). 여기서 4. '감정 사항' 란에는 감정 신청서에 명기된 감정 사항과 동일하도록 작성한다.

일반적인 건축 관련 감정 보고서에서 이 '감정 사항' 을 감정인이 간단히 정리하여 기술하는 경우가 있는데, 감정서는 감정 신청의 범위에서 감정을 하는 것이므로 감정 신청서에 기재된 감정 사항을 그대로 기술하는 것이 옳은 작성 방법이라 생각된다.

본 감정 보고서란은 감정인의 서명, 날인과 함께 감정의 전반적인 사항을 한눈에 알아 볼 수 있도록 정리하는 쪽으로 보면 될 것이다. 아울러 재판부에서 공사비 산정에 관한 별도의 지시가 있는 경우는 별도의 항을 만들어 이를 명기한다. 이는 재판부가 해당 사건의 진행 방향을 결정할 수 있는 중요한 사항이 될 수도 있기 때문이다.

감정보고서 실례

鑑 定 報 告 書

본 감정을 수행하기 위하여 2011년 0월 0일 현장검증에 임하여 재판장이 지시한 사항에 따라 물건을 확인함과 동시에 제반 자료를 수집한 후 신의와 성실에 좇아 공정하게 작성하였음으로 서명 날인함.

鑑 定 人 建築士

1. **사건번호** : 2010가합 000호 (원 고 : ○ ○ ○)

(피 고 : ○ ○ ○)

2. **감정목적** : 손해배상청구 등

3. **감정목적물** : ○○시 ○○구 ○○동 ○○번지 위 지상 건물

(건물의 개요를 명기하는 것도 바람직함.)

4. **감정사항** (감정사항이 많은 경우는 다음 별도의 페이지 사용 가능)

1. 피고가 이 건 공사를 중단한 상황에서 원고가 제시한 미시공 공사내역 확인서의 별첨 내용과 일치하는지 여부
2. 공사가 중단되어 있는 당시 이 공사의 공정률은 어느 정도였는지(%로 표기 요망)
3. 기타사항

현장검증 시 재판장이 지시한 사항

① 공사비산정 기준일은 본 공사 시점인 2009년2월을 기준으로 할 것.

② 원고 측이 시공한 공사 범위를 확정함에 있어 원, 피고측의 주장이 상반된 부분이 있는 경우에는 원, 피고측의 주장에 따라 기성율을 각각 산정할 것.

나. 감정 결과

감정서에서 감정 결과는 가장 중요한 항목이므로 확인이 쉽도록 감정보고서 다음 쪽에 배치하는 것이 바람직하다.

아울러 감정서는 건축 비전문가가 확인할 수도 있으므로, 내역서나 원가계산서 등 건축 관련자가 사용하는 형식으로 첨부하지 말고 쉽고 명확하게 표기하여야 한다.

건축 감정인이 일반적으로 사용하는 상기 '보고서 준용 감정보고서' 의 경우, 감정 결과 항에서는 단순히 공사비만을 표기하고, 그 뒤쪽에 내역서를 첨부하는 형식을 사용하는데, 이 경우 감정 공사비 총액은 확인이 쉬우나, 감정 사항 각 항의 공사비 확인이 매우 어렵게 되어 있다.

각 항의 공사비가 감정의 종류에 따라 분쟁을 해결하는 중요한 항목이 될 수도 있는데, 각 항의 공사비 확인이 어렵다면 형식상 좋은 감정서 표기 방법이라 할 수 없을 것이다.

다시 말해 감정의 방법에 따라 감정 결과의 표기 방법이 달라져야 한다. 그리고 감정 결과에서 원가계산서와 같은 제경비 및 이윤에 관한 사항은 크게 중요하지 않으므로 굳이 감정 결과에 첨부하여 감정 결과에 대한 확인을 어렵도록 할 필요는 없을 것이다. 그럼 각 감정에서 감정 결과의 표기 방법에 대해 알아보자.

① 하자보수 공사비 감정(일반 하자 및 공동주택의 하자인 경우)

하자보수 공사비 감정의 경우 보수 공사비 총액도 중요하지만 각 항의 하자보수 공사비도 매우 중요하다. 이는 비록 감정인이 하자로 판단하여 감정하였더라도, 각각의 하자 항목에 대해 원고와 피고 측의 주장이 상반되고, 재판 중 그 주장을 근거로 그 하자 항목이 하자가 아닐 수도 있으며, 경우에 따라서는 각 하자의 귀책 범위에 따라 각 항 하자보수 공사비에 대한 비율을 달리 적용할 수도 있기 때문이다. 그러므로 각각의 항마다 각 항의 하자보수 공사비를 감정 결과에 명기하여야 하며, 일반적인 경우 하자의 발생 시기를 요구하였다면 함께 감정 결과에 명기하여야 한다.

하자보수공사비 감정결과 실례

감 정 결 과

하자 보수비용 : ₩6,442,000- (VAT별도)

기호	항 목	공 사 비	하자발생시기
1	옥탑1~2층 전체 신축줄눈 미시공	₩1,913,000-	사용검사 전
2	옥탑바닥 및 벽체난간 보수공사	₩1,252,000-	확정 불가능
3	지하 기계실 벽체 균열	₩2,252,000-	사용검사 후
4	옥탑층 외벽 마감재 드라이비트 규격미달	-	-
5	옥탑바닥 선홈통 규격 미달 및 미설치	₩1,025,000-	사용검사 전
합 계		₩6,442,000	천원미만 절사 V.A.T별도

본 항에 대한 감정 결과의 실례를 필자의 방법으로 보면 다음과 같다.

공동주택의 하자보수 공사비 감정의 경우는 하자발생 시기와 각 하자에 대한 연차별 분류 및 경우에 따라서는 세대별로 하자보수 공사비의 구분을 요구하는 등 매우 복잡하고 광범위한 감정 결과를 요구하고 있으므로, 공동주택의 하자에 대한 감정 결과 표기 방법은 논하지 않도록 하겠다. 그러나 공동주택의 하자 감정인 경우도 내역서 등을 첨부하여 감정 결과를 제시하는 것은 그 감정 결과의 확인이 매우 어려우므로 비록 과정이 어렵더라도 단순하고 명확하게 표기하여야 할 것이다.

② 하자보수 공사비 감정(인접지 공사로 인해 발생한 하자의 감정인 경우)

상기의 감정 결과와 같이 각 하자 항목에 관한 감정 결과도 명기하여야 하지만, 본 감정에서는 인접지 공사가 감정목적 건물에 영향을 주었는지 여부에 대한 감정을 요구하므로 각 항의 하자보수 공사비 및 공사비 총액 전에 인접지 공사가 감정목적 건물에 영향을 주었는지? 여부에 대한 감정 결과를 명기하여야 한다.

③ 기성고 감정인 경우

기성고 감정의 경우 기성고 및 기성율의 의미만 정확히 판단하였다면 감정 결과의 작성에는 어려움이 없을 것이므로 그 실례만을 명기한다.

기성고 감정결과 실례

감 정 결 과

감정목적물의 기성고 : ₩555,752,000 -

구 분	공사비	비 고
1. 목적물을 완성하는데 소요되는 총 공사비	₩ 846,466,162-	이미 완성된 부분에 소요된 공사비+미시공 부분을 완성하는데 소요될 공사비
2. 이미 완성되 부분에 소요된 공사비	₩ 664,840,835-	
3. 기성율	₩ 78.54%	2항 ÷ 1항×100 (%)
4. 도급계약	₩ 707,604,000-	
5. 기성율에 의한 기성고	₩ 555,752,000-	기설율 × 도급계약금액

④ 투입 공사비 감정

투입 공사비 감정인 경우는 투입 총공사비만을 명기하면 된다.

그러나 투입 공사비의 공종 중 원고와 피고 측의 주장이 상반된 항목이 있거나, 투입 공사비의 공종이 각각 별도로 다양한 경우는 상기 하자 감정의 경우와 같이 각 항목을 감정 신청서 내용을 기준으로 구분하여 감정 결과를 작성하여야 한다.

⑤ 변경, 절감 공사비 감정

변경, 절감 공사비 감정의 경우는 대부분 변경, 절감공사 항목에 대해 원고와 피고 측의 주장이 매우 상반되므로, 필히 상기 하자 감정 결과와 같이 각 항목별 공사비를 필히 감정 결과에 명기하여야 한다.

⑥ 건물절단에 의한 보수 공사비 감정

본 항의 감정인 경우 감정 결과에 항목별 공사비를 구분할 필요는 없다. 그러나 본 항에서 건물 절단 후의 상황, 즉 재설계가 어떻게 되었는지는 매우 중요한 사항이므로 감정 결과 별첨 자료로 이 재설계를 필히 첨부하여야 한다.

⑥ 건물의 가치 산정을 위한 감정

본 항의 감정은 각 공종별 감가수정이 필요하므로, 본 항의 감정 결과는 필히 각 공종별로 공사비를 명기함은 매우 중요한 사항이다.

아울러 위 설명에서도 자세히 논하였지만, 현재 존재하지 않는 가설공사와 철거공사에 대해서 감정 결과에 명기하지 말고, 적절히 판단하여 적용함을 필히 명심하길 바란다.

⑦ 철거 공사비, 원상복구비 감정

본 감정에서 각 공종별 공사비 산정은 무의미하므로, 총공사비만을 감정 결과에 명기하면 된다.

다. 공사비 산정에 관한 의견

공사비가 산정된 방법 및 원칙에 대해 감정경과 다음에 감정인의 의견을 제시한다. 이 의견은 추후 분쟁 당사자들이 감정 결과인 공사비를 분석하는 과정에서 의문이 발생하여 질의 회신 등을 하는 경우에 감정의 확실한 근거가 될 수 있다는 점을 명심하여 신중하게 작성하여야 한다. 각 감정마다 본 항은 매우 달라질 수 있으나 참고로 필자의 경험을 바탕으로 간단한 의견에 대한 실례를 보면 다음과 같다.

공사비 산정에 관한 의견 실례

공사비 산정에 관한 의견

1. 본 공사비 산정 시점은 공사 착공 시점으로 보아 2007년 7월을 기준으로 하였음.
2. 본 공사비의 산정기준은 현장에서 실측과 제시된 자료를 기준으로 산정하였으나, 일부 하자에 대하여는 명확한 파악이 어려워 원피고측 의견과 현황을 비교, 검토하여 일반적 건축 통례에 따라 산정하였으므로, 본 감정인이 추정한 건축구성과 다른 것으로 확인되면 본 감정의 결과는 변경될 수 있음.
3. 본 감정에서 하자의 범위는 피고측 감정사항에 의거하여 산정하였으며, 감정사항에 미흡하게 표기된 부분은 현장조사 시 피고측의 주장을 참조하고, 현황을 비교하여 공사비를 산정하였음.
4. 현장조사는 비파괴조사를 원칙으로 하였으며, 은폐 또는 매몰되어 그 구성을 식별할 수 없는 부분은 일반적인 건축구성 통례에 따라 감정하였으나, 만약 은폐 또는 매몰된 부분 등이 본 감정인이 추정한 건축구성과 다른 것으로 확인되면 본 감정의 결과는 변경될 수 있음.
5. 공종의 설치에 소요된 품 산정은 표준품셈에 의하였으며, 인건비는 대한건설협회에서 조사 발표한 각 년도별 시중노임단가를, 자재의 단가는 해당기간의 물가정보 실수요자 가격을 적용하여 산정하였으나, 본 하자보수공사가 소규모 및 실내마감공사인 점을 고려하여 일부 조정하여 적용하였음.
6. 공사원가 계산에 있어 제경비 및 이윤은 산정은 본 공사가 소규모 및 실내마감공사인 점을 고려하여 일반적인 통례에 따라 15%를 일괄 적용함(혹은 정부회계 원가계산제도인 '원가계산에 의한 예정가격작성준칙' 을 준용하여 산정하였음).

라. 감정 사항

본 감정 사항란에 감정 신청 사항에 대한 의견이나, 현황 등을 가능한 범위에서 쉽고 명확하게 제시한다.

하자 감정의 경우는 하자 항목에 대한 현황 및 감정인의 판단 등을 명기하고, 기성고 감정의 경우는 이미 완성된 공종의 명기 등 감정의 종류에 따라 감정 사항을 명확히 확정하여 감정인의 판단을 기술하면 되며, 기타 감정도 동일하다.

마. 기타 자료

건축 관련자가 매우 중시하는 내역서 관련 자료는 감정의 경우에 공사비가 객관적으로 산정되었는지를 판단하는 참고자료임을 건축 관련자들은 명심하여 내역서, 수량산출서, 일위대가 및 원가계산서는 감정 사항 이후에 첨부한다.

아울러 기타 첨부하여야 할 자료와 현황 사진과 현장사진 등을 첨부한다.

필자의 생각으로 일부 감정서의 경우 제시된 설계도면을 첨부하는 경우가 있는데, 그 설계도면이 해당 분쟁을 해결하는 데 중요한 요소가 아니라면 굳이 감정서에 첨부할 필요는 없을 것 같다. 이는 그 설계도면은 이미 증거자료로 재판부에 제출되어 있는 경우가 대부분인데, 굳이 감정서에 첨부하여 감정서를 복잡하게 만들 필요는 없을 것 같다.

●감정보고서 내용에 대한 결어

감정보고서를 보는 대상은 비건축 전문가이므로 감정서는 아무나 확인이 쉽도록 작성하여야 하며, 내용은 명확하게 작성하고 굳이 필요하지 않은 자료 등을 첨부하지 않도록 하여야 한다. 이는 필자가 상기와 같은 감정서 형식을 타 업역에서 차용하였더라도 사용하는 이유이다.

3-2. 공사비 산정 방법

공사비를 산정하는 방법에 대한 자세한 기술은 본 책에서는 제외하고, 건축물 감정 시 필요한 공사비 산정 방법에 대해서만 논하겠다.

1) 공사비 산정 시점 확정

위에서 논한 바와 같이 공사비는 재료비, 인건비 및 경비로 구분되는데, 각 항의 금액은 정부에서 공인하는 물가자료 및 적산자료에 매년 혹은 매달을 기준으로 제시되므로, 공사비를 산정할 경우 위의 자료를 참조하여 적용하여야 감정하고자 하는 해당 연월(年月)의 공사비를 정확히 산정할 수 있기 때문이다.

2) 공사비 산정 방법

건축 관련 공사비는 직접 산정하는 것을 원칙으로 한다. 그 공사비 산정 방법은,

① 공사량 산출 : 각 공정의 공정별 단위를 기준으로 공사량이 얼마인지를 산출하는 자료이다.

② 일위대가: 일위대가란 각 공정별 단위 당 그 공종을 시공하는 데 소요되는 재료비, 인건비 및 경비가 얼마인지를 나타내는 자료이다. 이 일위대가의 각 금액은 위에서 말한 공사비 산정 시점의 적용 금액이 적용된다.

③ 내역서 : 내역서 란 공사량에 일위대가 나 그 공정의 재료비 등을 적용한 자료로, 이 내역서에 나타난 총액이 순공사비가 된다.

④ 원가계산서 : 내역서의 순공사비를 기준으로 각 금액에 정부회계 원가계산제도인 '원가계산에 의한 예정가격 작성준칙' 을 준용하여, 제경비 및 이윤을 포함한 총공사비가 산정되는 자료로, 경우에 따라서 간단한 단일공정의 공사인 경우는 '원

가계산에 의한 예정가격 작성준칙' 을 준용하지 않고, 제경비 및 이윤을 일괄하여 몇 %로 적용하는 경우도 있다.

위에서 간단히 언급한 직접 공사비 산정 방법은 건축 관련인에게는 일상적인 업무이므로 자세히 기술하지 않았다. 혹여 건축 비전문가인 독자가 이 책을 볼 경우 상기 항을 간단히 이해하여 두면 건축물 감정 시 일부 도움이 될 것으로 판단되어 지극히 간단히 기술하였다. 공사비 산정 방법에 대한 자료는 매우 많으니 필요하다면 다른 전문서적을 참조하기 바란다.

4. 법원감정의 경우
건축물 감정 진행 절차

필자의 경험으로 보면 건축물 감정의 대부분이 법원에서 수임되는 법원 감정으로, 이 법원 감정 시 절차에 대해 감정 경험이 적은 건축 감정인뿐만 아니라 이해 당사자인 일반인들도 그 절차가 궁금하여 필자에게 많이 문의하므로 이 절차에 대해 건축 감정인 입장에서 간단히 기술하도록 하겠다.

건축물 관련 민사소송이 시작되면 원고와 피고 측 한쪽이나 양쪽에서 건축물에 대한 감정 신청을 재판부에 하게 된다. 그럼 재판부는 감정인을 지정하고, 그 감정을 진행하기 위해 다음과 같은 과정을 거치게 된다.

1) 감정인 후보자 지정 결정서

과거에는 감정인을 재판부에서 일정기준에 근거하여 감정인 한 명을 지정하여 통보하였다. 그러나 최근에는 감정인 한 명을 지정할 경우 문제점이 있다고 판단하여서인지 감정인 후보자를 세 명 지정하여 '감정인 후보자 지정 결정서' 로 통보한다.

그럼 그 지정을 받은 감정인은 '엔지니어링사업대가기준' 에 준하여 산출된 예상감정료 산출서와 감정인의 기본적인 경력이 첨부된 감정인 경력카드를 함께 법원에 제출하게 된다.

이 자료를 바탕으로 감정 신청인과 재판부에서 판단하여 감정인 1인을 선정하게 된다. 그런데 가끔 감정인으로 지정되어 재판부나 이해 당사자를 만날 경우, 후보자 3인의 감정수수료가 너무 차이가 난다는 불평을 접하게 된다. 실제로 소송의 소송가액이 400만원인 사건의 다른 후보자 감정수수료가 600만원과 800만원이었던 경험을 바탕으로 볼 때, 물론 각 감정회사의 특수성에 따라 대가기준이 일부 달라질 수는 있겠지만 너무 많은 편차를 보이거나 그 사건의 감정 사항보다 터무니없이 많은 것은 건축물 감정인 전체에 대한 불신을 야기시킬 수 있으므로 예상감정 수수료 산정 시 좀 더 신중하도록 우리 모두 노력하여야 할 것이다.

(1) 감정인 지정결정서

위와 같이 선정된 감정인 1인에게 법원에서 감정인으로 선정되었다는 '감정인 지정결정서'를 발송하여 감정인 지정을 통보한다. 이 결정서에는 감정인 지정 내용과 함께 현장검증이나 감정인 심문을 하는 일시와 장소가 명시되어 있다.

(2) 감정촉탁서

법원에서 감정촉탁서를 감정인이 받았다면 이 감정촉탁서는 법원에서 해당 사건에 대해 감정인으로 지정되었으며, 현장검증이나 감정인 심문 등의 과정이 없이 감정을 진행하라는 명령서이다. 그러나 이 경우 감정수수료에 대해서는 확정되어 있지 않으므로 법원에 예상감정수수료를 발송하여야 감정수수료가 확정됨을 명심하길 바란다.

이 감정촉탁서는 건축물 감정인 경우 과거에 본 감정인이 감정을 하였으나, 일부 재감정이 필요한 경우와 같이 특별한 경우에만 시행되는 제도이다,

(3) 현장 검증

현장 검증은 재판부와 이해 당사자 및 감정인이 함께 현장을 조사하는 절차이다.

감정인 지정결정서에 그 일시 및 장소가 명기되어 있으므로, 해당 일시와 장소에 필히 참석하여 재판부와 함께 현장을 조사하여야 한다.

이때 재판부에서 명한 사항은 감정서에 기록하고 그에 준하여 감정하여야 하며, 감정인 심문조서 및 감정인 선서서 등의 감정인에 관한 서류를 필히 재판부에 제출하여야 한다.

(4) 감정인 심문

경우에 따라서 재판부가 현장 확인이 필요치 않다고 판단할 경우에는 현장 검증

이 아닌 각 법원 내에서 감정인 심문과 감정인 선서를 하게 된다.

장소만 현장검증과 다를 뿐이지 현장검증과 동일한 상황이며, 감정인이 제출하여야 하는 서류도 동일하다.

(5) 현장 조사

현장검증 이후에도 현장 조사가 필요하다면 감정인이 별도로 현장 조사를 하여야 한다. 현장 조사에 대해서는 위항에서 자세히 논하였으므로 제외하고, 이 현장 조사 시 감정인의 객관적인 자세에 대해서와 철저한 현장 조사를 하여야 하는 점을 명심하기를 바란다.

(6) 감정서 작성 및 제출

(7) 사실조회서

제출된 감정서에 대해 재판부 및 이해 당사자가 의문이 있는 사항에 대해 재판부를 통하여 감정인에게 사실조회를 할 수 있으며, 감정인은 이에 대해 성실하게 답변하여야 한다.

감정인 입장에서는 사실조회서 없이 해당 사건이 종결되었다면, 가장 바람직한 감정이겠지만 감정 후 사실조회서는 대부분의 사건에서 발생한다고 보아야 할 것이다.

만일 사실조회서에서의 사항 중 경우에 따라서 감정서에 오타나 오기로 인하여 감정 결과의 변경이 발생한다면, 즉시 사실조회 회보서에 오타 나 오기로 인하여 감정서에 잘못이 있음을 인정하고 감정 내용을 정정하여 제출함이 바람직하다.

필자의 경우 매우 복잡했던 공동주택 하자 감정의 경우 전산처리 실수로 내역서에 공사량의 한 항목이 잘못 적용된 적이 있는데, 피고 측인 건설회사에서 이를 지적한 사실조회서를 받았던 적이 있었다. 즉시 이는 오타로 인한 실수임을 밝히고 방대한 감정 결과를 모두 수정하여 사실조회를 회보한 경우가 있다.

물론 감정서에는 오타도 없어야 하겠지만, 만일 실수가 있었다면 즉시 조처하여야 할 것이다. 그런데 필자의 경험으로는 사실조회서의 일부는 건축의 비전문가이므로 감정서의 건축적 의미를 이해하지 못함으로 인한 사항이 많은 것도 현실이다.

또 경우에 따라서 사실조회로 부족한 경우에는 감정인이 직접 증인으로 법정에 출두하여 증인 심문을 하여야 하는 경우도 있다. 아주 드문 경우이나 있을 수 있는 경우이므로 참고하기 바란다.

(8) 감정 이후

이상과 같은 절차로 건축물의 감정이 진행되는 것이 일반적인 형태이다. 상기의 절차에 대해 간단하게나마 논한 것은 건축물 감정을 많이 하지 못한 건축 감정인이나 건축에 대한 경험이 부족한 이해 당사자에게 조금이라도 도움이 되었으면 하는 바람 때문이었다.

그런데 재판부에 감정인을 불신한다는 절차가 있는지 여부 문의 및 감정료 지급 보류 요청서를 감정서 제출 후 재판부에 제출하고, 감정인을 형사고발하는 등과 같이 감정인에 대한 불신의 소식을 자주 접하게 되면서 다시금 감정의 정확성과 공정성이 요구됨을 느낀다.

과연 현재의 법원 감정인 제도인 문호의 개방과 감정 후보자로 감정인을 지정하는 제도가 바른 것인지에 대해 의문을 느끼며 본 항을 마친다.

5. 건축물 감정 시
감정 신청서 작성 요령

앞에서는 주로 건축 감정인에게 감정에 필요한 사항을 논하였으나, 본 항에서는 감정을 신청하는 입장에서 과연 감정 신청은 어떻게 하는 것이 좋은가에 대해 논해 보도록 하겠다.

그러나 필자는 감정의 법리적 사항에 대해 논할 자격도 없으며, 경험도 부족하므로 감정 신청서 작성의 원칙을 논하자는 것이 아니라, 현재까지 감정인이 접한 감정 신청서 중 건축물 감정을 진행하기 바람직한 감정 신청서가 어떠한 것인지에 대해 건축 감정인 입장에서 간단히 논하는 것이니 많은 이해를 바란다.

최초 감정 신청서에 기재된 감정할 사항은 감정서의 감정 결과에 기준이 되므로 감정할 사항을 어떻게 확정하는지가 감정 결과에 따라 추후 재판의 원활한 진행을 위하여 매우 필요한 사항이므로, 감정할 사항이 감정 내용과 조금이라도 벗어날 경우 감정과 함께 재판부도 어려움이 있을 것 같다고 느끼곤 한다.

1) 감정할 사항은 간단 명료히 기재해야 한다.

일반적으로 감정 신청은 이해 당사자가 작성한 건축에 대한 감정할 사항을 중심으로, 이해 당사자의 대리인이 작성하여 제출한다. 그런데 일부 대리인은 이 건축 부분에 대한 이해가 부족한 상황에서 작성하여 감정할 사항에 무수히 많은 문구가 포함되어 감정할 사항의 본질을 확인하기 힘든 감정 신청서를 가끔 목격하게 된다.

법적 대리인에게 건축물에 대한 전문적인 지식을 요구하는 것이 무리가 있다고 필자도 생각하고 있지만, 사건의 본질에 대한 건축물의 감정 사항에 대해서 만이라도 충실히 파악하여 건축물에 관한 사건을 진행하였으면 하는 바람이다.

이러한 복잡한 감정 신청서는 감정인과 건축의 비전문가인 재판부에게 혼란을 줄 수 있고, 감정 결과 작성 시에도 쓸데없이 곤란을 줄 수 있다.

이러한 감정 신청서의 실례와 이를 필자가 볼 때 수정한 경우를 보도록 하자.

아래 감정 사항은 인접지 공사로 인한 감정 목적물에 나타난 하자보수비 및 그

감정할 사항의 잘못된 표기 실례
1. 감정목적물 중 대지에서 발생한 균열, 지반 침하의 정도 및 그 원인 2. 감정목적물 중 대지 상에 설치되어 있는 담장의 현재 안전상태 및 그 보수의 필요성 여부 3. 감정목적물 중 대지 상에 설치되어 있는 출입문의 현재 안전상태 및 보수의 필요성 여부 4. 감정목적물 중 대지 상에 설치되어 있는 조경의 훼손 상태 및 보수의 필요성 여부 5. 감정목적물 중 건물 전체의 균열, 침하, 기울기 정도 및 원인 6. 2항에 인해 원고에게 피해가 발생한 경우 손해액 및 그 구체적 계산 내역 7. 3항으로 인해 원고에게 피해가 발생한 경우 하자 보수에 갈음하여 손해배상을 받는다면 그 손해액 및 구체적 내용 8. 4항으로 인해 원고에게 피해가 발생한 경우 하자 보수에 갈음하여 손해배상을 받는다면 그 손해액 및 구체적 내용 9. 5항으로 인해 원고에게 피해가 발생한 경우 하자 보수에 갈음하여 손해배상을 받는다면 그 손해액 및 구체적 내용 10. 6항으로 인해 원고에게 피해가 발생한 경우 하자 보수에 갈음하여 손해배상을 받는다면 그 손해액 및 구체적 내용 11. 기타 신문사항

잘못된 표기 실례를 필자가 수정한 감정신청서
1. 감정목적물에서 발생한 균열, 지반 침하의 원인이 인접지 공사로 인한 곳인지 여부 2. 만일 인접지 공사로 인한 것이라면 다음 항 들을 보수하는데 소요되는 비용은 얼마인지 1) 담장 2) 출입문 3) 대지내 조경 4) 건물 전체의 균열 및 지반 침하 5) 감정인이 현장조사 시 발견한 기타 하자 3. 인접지 공사가 감정목적물의 하자에 미친 영향 정도(기여도)

하자의 원인에 대해 감정할 사항을 일부 발취한 것이다.

앞 두 가지 예의 감정 사항은 동일한 내용의 감정 사항이며, 도리어 필자가 수정한 감정 사항에는 처음 감정 신청 당시부터 차후 상대방에서 제시할 기여도 문제까지 첨부하고도 간단 명료한 감정 신청서가 작성되었다.

2) 모든 감정 사항을 처음부터 빠짐없이 기재해야 한다.

기능하다면 의뢰인이 제시하는 감정할 사항을 감정 초기부터 명확히, 모든 감정할 사항을 제시하여야 한다. 만일 추가로 감정할 사항이 생긴다면 감정수수료의 증가가 발생할 소지가 다분히 있으며, 시간적 번거로움도 발생하기 때문이다.

아울러 감정할 사항을 미리 명확히 확정지어 놓으면, 감정인이 현장 조사 시 추가로 발견한 항목을 적용할 수가 없다, 이 점을 명심하여 '기타' 혹은 '감정인이 현장 조사 시 발견한 사항' 라는 항을 추가하여 놓으면 추후 발견된 감정 사항에 대하여 감정 신청서 변경 없이도 감정인이 감정에 반영할 수 있음을 명심하기 바란다(위 수정 사례 참조).

3) 감정인의 업역을 정확히 구분하여 감정 신청을 해야 한다.

어느 감정 신청서의 감정할 사항을 보면 공사비 감정인에 해당되는 감정할 사항이 주로 제시되다가 다른 전문가의 감정할 사항이 제시되는 경우가 있다.

이 다른 전문가의 감정 사항이 사건을 해결하는 데 중요한 사항이면 당연히 감정신청을 하여야겠지만, 경우에 따라서는 사건에 별로 중요하지도 않은 사항이 제시된다.이 경우 건축 감정인은 본인에 해당하는 감정할 사항에 대한 감정은 당연히 가능하므로 수행할 것이나, 다른 분야의 전문적인 사항이라면 해당 기술자에게 용역등을 주어야 하므로, 감정의 소요시간이 길어지고 그에 해당하는 용역비의 발생으로 감정수수료도 상승하게 된다.

사건의 본질을 정확히 파악하여 감정 신청 당시에 이에 해당하는 전문 업역이 어느 분야인지를 정확히 파악하고, 그에 준한 감정 신청을 할 필요가 있다.

가능하다면 최소한의 업역으로 정리하여 감정 신청을 할여야 할 것이다.

필자는 조그만 가설건축물 및 임대로 사용한 토지에 관한 건축물 감정을 한 경우가 있었는데, 감정할 사항에 내용은 측량감정인이 하여야 하는 사용한 토지의 정확한 면적과 건축 감정인이 수행하여야 하는 건축물의 공사비 및 그 공사비로 가설건축물의 현존가치 산정, 사용 토지의 임료를 산정하는 감정평가사가 포함되어 있었다.

매우 작은 사건에 현장 검증 시 무수히 많은 감정인이 참석하였으며, 감정 기간도 매우 길었던 경험이 있다. 물론 이렇게 된 배경에는 필자의 판단으로는, 해당 재판부도 이런 사건의 경험이 부족에 대한 영향도 있었으리라 본다.

위와 같은 사건의 경우는 측량 감정인은 필수적이며, 건축 감정인의 공사비 산정은 제외하고, 감정평가사에게 현존가치 산정과 토지 임료 산정을 동시에 수임하도록 하는 것이 시간적, 경제적으로 도움이 되었을 것이다.

건축물 감정이 필요한 사건이라면, 건축의 비전문가인 법적 대리인 스스로가 그 분야에 대한 연구와 일상적인 경우는 제외하더라도 조금 복잡한 사건이라면 건축 감정을 전문으로 하는 건축 전문가에게 자문을 구하여 정확한 감정 신청을 하고, 감정 신청서 작성을 권하는 바이다.

이것이 건축물에 대한 분쟁 해결을 빠르고 정확하게 진행할 수 있도록 하는 시발점이 되기 때문이다.

6. 부록

감정사례(1~12)

앞 장에서 언급한 건축물 감정에 대해 필자가 경험한 건축물 감정의 사례를 유형에 따라 몇 가지 소개한다. 부록에 첨부된 12건의 감정 사례에서는 공사비를 산정하는 과정은 생략하고, 감정 사항을 중심으로 중요한 부분만을 표현하기 위해 반복하거나, 통상의 감정 내용을 생략하여 표현하였다.

사례에서 보는 바와 같이 현재 발생하는 건축 관련 사건들이 단순하지 않고 복잡하며 여러 가지 형태로 나타남을 확인할 수 있을 것이다.

감정 사례 1

- 감정의 종류 : 도급계약에 의해 공사된 건물에 나타난 하자에 대한 감정
- 의뢰처 : 모 지방법원 모 지원
- 본 감정의 특이한 사항

본 감정은 감정 목적물에 나타난 하자를 보수하는 데 소요되는 공사비와 일부 미시공된 부분을 시공하는 데 소요되는 공사비를 산정하는 감정이었고, 추가로 건축주(원고)가 시공과정에서 철근이 설계도면보다 부족하게 시공되었을 것으로 판단하여 현재 콘크리트 내에 시공된 철근 수량의 확인을 동시에 의뢰한 감정이었으므로, 구조안전진단회사에 의뢰하여 철근 탐사를 하자 감정과 동시에 진행한 감정이었다.

감정보고서

본 감정을 수행하기 위하여 재판장이 지시한 항목에 따라 물건을 확인함과 동시에 제반 자료를 수집한 후 신의와 성실에 좇아 공정하게 작성하였음으로 서명 날인함.

鑑 定 人

1. 사건번호 : ○○○○가합 ○○○○호(원고 : ○○건설주식회사)
(피고 : ○○○)
2. 감정 목적 : 공사대금 등
3. 감정 목적물 : ○○도 ○○시 ○○동 ○○○ 위 지상에 건축된
철근콘크리트구조 지상4층 일반음식점 및 다가구주택
연면적 ○○○㎡ 중 원고 ○○건설이 시공한 부분
4. 감정 사항 : 다음 참조

○재판장이 지시한 사항

공사비 산정 기준일의 경우, 하자보수비는 현장 조사 시점인 ○○○○년 9월을, 미시공 공사비는 공사완료 시점인 ○○○○년 10월을 기준으로 할 것.

○감정 사항

1. 별지 목록 기재 "감정할 사항" 에 대한 하자보수 비용
2. 위 가항의 감정 사항 외에도 위 감정 목적물에 대하여 아래 사항과 같은 하자가 있다면 그 하자의 유무 및 각 하자보수비용

1) 균열, 누수, 층분리, 단열불량, 배수불량, 미시공, 오시공, 마감불량, 기타 건축 관련 법령을 위반한 사항

2) 설계도면과 다르게 시공되어 있는 것으로서 하자로 판단되는 사항

3) 기타 건설관행 및 감정인의 전문적인 식견에 비추어 하자라고 판단되는 사항

○감정할 사항

다음 각 하자 및 미시공, 부실시공의 보수공사비

1. 상수도 파열(특히 제301호 및 제304호 상수도 파열로 인한 제201호 및 제204호 천정 오염 부분)
2. 하수도 파열(특히 제202호 하수도 파열로 인한 1층 천정 오염 부분)
3. 건물 누수(특히 4층 주택의 누수로 인한 벽체 손상 부분)
4. 창호 부실공사(특히 계단실 창호의 누수 부분)
5. 타일 부실시공
6. 벽체 발수제 처리 미시공
7. 철근공사가 제대로 시공되었는지 여부 확인
8. 기타 설계도면과 다르게 시공된 부분 등 하자의 여부 및 하자보수비용

○감정 결과

1. 보수 공사비 산정

1. 보수 공사비 산정	13,266,000원
(1) 하자보수 공사비	8,136,000원
(2) 미시공에 의한 보수 공사비	5,130,000원

* 천원 미만 절사 및 VAT 별도

항 목	보수 공사비	비 고
1. 하자보수비		
1-1. 상수도 파열	1,611,664원	
1-2. 하수도 파열	1,101,211원	
1-3. 건물 누수	2,718,164원	
1-4. 창호 부실공사(누수 보수공사는 1-3항에서 산전)	36,785원	
- 이 하 중 략 -		
[하자보수 공사비 합계]	8,136,414원	
2. 미시공에 의한 하자보수 공사비		
2-1. 벽체발수제 처리 미시공	2,345,335원	
2-2. 방충망 미설치	2,784,852원	
[미시공 보수공사비 합계]	5,130,187원	
* 하자보수 공사비 산정 시 본 항목별 공사비는 감정 결과란에 필히 명기하는 것이 바람직함.		

2. 철근공사의 적정 시공 여부

1) 철근탐사기를 이용(비파괴검사)하여 조사 가능한 보, 슬래브 및 옹벽을 조사함.

2) 조사 가능한 보와 슬래브의 철근은 제시된 구조도면과 비교하여 적정하게 시공되어 있음.

3) 조사 가능한 벽체 10개소 중 6개소의 철근은 제시된 구조도면과 비교하여 적정하게 시공되어 있음.

4) 조사 가능한 벽체 10개소 중 4개소의 철근은 제시된 구조도면과 비교하여 수평철근이 부족하게 시공되어 있음.

5) 수평철근이 부족한 일부 벽체는 시공상의 오차범위 내에서 수평철근이 부족하며, 수평철근은 보조철근인 점을 고려할 때, 수평철근의 부족으로 인하여 건물의 구조적인 문제는 없는 것으로 판단됨.

■ 조사협력업체 : 구조안전진단전문업체 ㈜ㅇㅇ구조기술사사무소

○공사비 산정에 대한 의견

1. 공사량의 산정은 제시된 설계도면과 현장에 임하여 실측에 의거 산출하였으며, 공사비 산정 기준시점은 재판장의 명에 의거 보수공사는 현장 조사 시점인 ○○○○년 9월을 기준으로, 미시공 공사비는 공사완료 시점인 ○○○○년 10월을 기준으로 하였음.
2. 본 감정 하자보수의 범위는 피고 측이 제시한 감정 사항을 기준으로 감정하였으며, 감정 사항에 미흡하게 표기된 부분은 현장 조사 시 피고 측의 주장을 반영한 일반적 건축 통례에 따라 감정하였음.
3. 본 감정 목적물은 제시된 설계도면과 같이 원고 측에서 지상 2~4층 각층에 한 세대로 시공을 완료하여 사용승인을 득한 후, 피고 측에서 현재와 같이 2, 3층 각층에 4세대가 설치되도록 변경시공을 하였으므로, 본 감정에서는 피고 측에서 변경 시공한 2, 3층 내부공사 부분은 제하고, 원고 측에서 공사한 부분에 대해서만 보수 공사비를 산정하였음.
4. 본 감정의 감정 사항 중 '제7항 철근공사가 제대로 시공되었는지 여부 확인'에 대하여 현재 철근 배근은 콘크리트에 매입되어 있고, 대부분의 철근콘크리트는 석재 등으로 마감되어 있는 상황에서, 철근탐사기 장비를 통한 철근 확인은 현재 노출되어 있는 철근콘크리트부분에 국한될 수밖에 없으므로 전체 건물의 철근 확인이 불가함. 이에 일부 노출된 부위의 철근에 대한 조사를 하여 이 부분의 철근공사가 적절히 시공되었는지 여부를 확인한 후 보수비 산정과는 별도로 보고서를 작성하였음.
5. 상기 4항에 대한 보수비 산정은 일부 국한된 범위만을 조사하였으며, 조사된 구조물의 일부 철근이 시공상 오차범위 내에서 변경 시공되어 있으나, 건물에는 구조적 문제가 없는 것으로 판단되므로, 철근 미시공 및 오시공에 대한 보수비 산정은 무의미하다고 보아, 본 항에 대한 보수비 산정은 제외하였음.

6. 상기 4항 철근탐사기를 통한 철근 조사(비파괴검사) 및 보고서 작성은 구조안전진단 전문업체인 (주)○○구조기술사사무소와 협력하여 조사 및 작성하였음.

7. 현장 조사는 비파괴조사를 원칙으로 하였으며, 은폐 또는 매몰되어 그 구성을 식별할 수 없는 부분은 일반적인 건축구성 통례에 따라 추정하여 감정한 것으로, 만약 은폐 또는 매몰된 부분이 본 감정인이 추정한 건축구성과 다른 것으로 확인되면 본 감정 결과는 수정될 수 있음.

8. 본 감정 목적물의 보수로 인한 마감재의 훼손에 따른 보수공사량을 산정함에 있어 마감재의 균일성을 기하기 위하여 도장 및 도배 등은 내부 구획부분을 단위로 산정하였음.

9. 시공에 소요된 품의 산정은 표준품셈에 의하였고, 인건비는 대한건설협회에서 조사 발표한 각 연도 시중노임단가를, 자재 단가는 해당기간의 물가정보 실수요자 가격을 적용하여 산정하였으나, 공사 현장의 여건과 작업의 난이도 및 소량의 보수공사인 점을 감안하여 공종에 따라 일부 조정하여 적용하였음.

10. 공사원가 계산에 있어 제경잡비의 산출은 소규모의 보수공사인 점을 감안하여 이윤을 포함하여 15%를 적용하였음.

○감정사항

1. 하자 항목 및 보수 여부 검토

1-1	상수도 파열(특히 제301호 및 제304호 상수도 파열로 인한 제201호 및 제204호 천정 오염 부분)
현황	-사진은 다음 참조-
	① 현재 201호, 204호의 상수도 파열에 대한 보수는 완료되어 누수는 발생하고 있지 않으나, 204호 천정에는 누수에 의한 오염 흔적이 남아 있음. ② 현장 조사 중 203호 천정에서 누수가 발생하였음.
검토 의견	① 201호, 204호 상수도 파열에 의한 누수 피고 측에서 제시한 사진을 참조해 보면, 301호 바닥의 상수관이 파열된 것이 확인되며, 현재 204호 천정의 오염은 본 상수관의 파열에 의한 누수로 발생하였다고 판단됨. 본 누수에 대해서는 보수가 완료되어 있으나, 피고 측 감정 사항에 의거하여, 본 항을 보수하는 데 소요되는 공사비를 산정함에 있어, 감정 시점에서 공사의 범위확정이 어려워, 피고 측에서 제시한 사진을 참조하여 일반적인 건축 통례에 따라 보수비를 산정하였음. ② 203호 천정 누수 203호 천정의 누수 형태는 상시로 발생하지 않고, 가끔씩 발생하고 있으므로 상수에 의한 누수보다는 하수 관련 누수인 것으로 추정되어지므로, 303호 씽크대 하수 배관을 교체하고, 현재 오염된 천정 마감을 보수하는 공사비를 산정하였으나, 본 감정은 비파괴조사를 원칙으로 하였으므로, 본 감정인이 추정하는 바와 다를 경우 본 항은 변경될 수 있음. 본 건과 같이 감정 기간 중 추가로 누수가 발생하고 있는 것으로 보아, 향후 추가적인 누수가 발생할 소지가 있을 것으로 추정은 되나, 이에 대해 감정 시점에서 판단은 불가한 상태임.
비 고	

<table>
<tr><td></td><td></td></tr>
<tr><td>301호 상수도 파열
(피고 제시 사진)</td><td>누수 확인을 위해 피고 측에서 201호 천정을
파취한 상태(피고 측 제시)</td></tr>
<tr><td></td><td>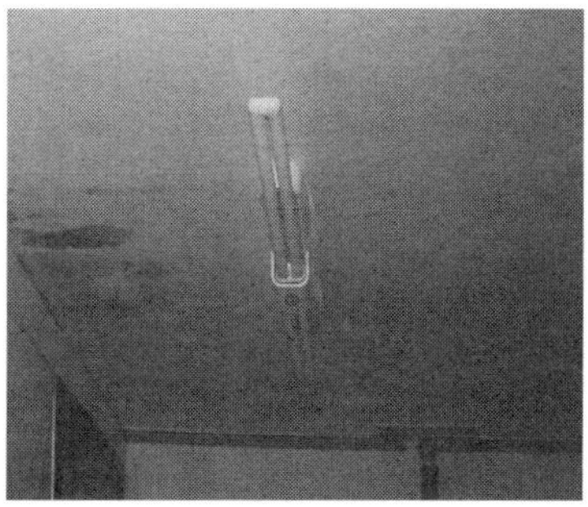</td></tr>
<tr><td>현재 204호 천정 오염 현황</td><td>감정 당시 발생한 203호 천정 오염 현황</td></tr>
</table>

<table>
<tr><td>1-9</td><td>콘크리트 균열</td></tr>
<tr><td rowspan="2">현황</td><td>-사진은 다음 참조-</td></tr>
<tr><td>현재 콘크리트 균열이 발생한 부분은 마감이 되어 있지 않은 발코니 부분만이 확인이 가능하므로, 확인이 가능한 균열부는 다음과 같음(다음 콘크리트 균열부 현황 참조).</td></tr>
<tr><td>검토 의견</td><td>본 건물의 확인 가능한 균열부를 조사해 본 바, 건물의 안전에 직접적인 영향을 주지 않는 콘크리트 자재의 특성 상 발생한 균열로 판단되나, 이 균열은 시일이 경과되면 더욱 심화되어 콘크리트 내에 매입되어 있는 철근에 영향을 미칠 수 있으므로, 균열 초기인 현 시점에서 다음과 같이 보수를 하는 공사비를 산정함.
■ 0.2mm~0.3mm 경미한 균열 : 매꿈식 균열 보수공법 후 마감 보수
■ 0.3mm 이상 균열 : 수지주입 균열 보수공법 후 마감 보수
■ 벽돌벽 균열 : 에폭시 실링재를 이용한 표면처리공법 후 마감 보수</td></tr>
<tr><td>비 고</td><td></td></tr>
</table>

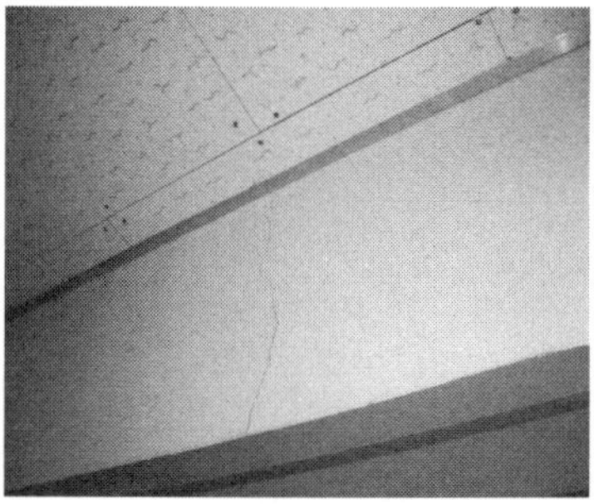	
1층 화장실 간벽 균열	발코니 창문 상부 균열
	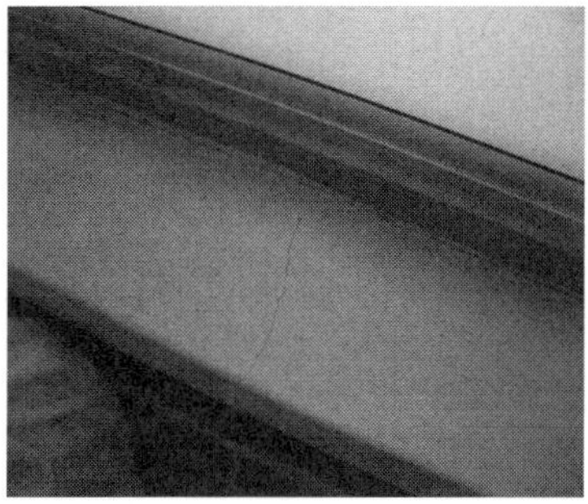
발코니 옹벽 균열	창문턱 균열

4층 보 균열	발코니 옹벽 균열

2. 미시공 부분 및 보수 여부 검토

2-2	방충망 미설치
현황	 현재 2~4층 주거용 미서기창에 방충망이 설치되어 있으나, 피고 측 주장은 원고 측에서 건물 준공 당시 방충망을 설치하지 않아, 피고 측에서 준공 후 방충망을 직접 설치하였다는 주장임.
검토 의견	방충망의 준공 당시 설치 여부는 확인이 불가하나, 방충망은 주거용 건물에 필수적으로 필요한 시설이므로, 피고 측 주장에 따라 2~4층의 미서기창에 방충망을 설치하는 데 소요되는 비용을 산정하였음. 본 항은 미시공에 관련된 공종이므로 공사완료시점을 기준으로 공사비를 산정함.
비 고	

- 이하 일부 중략 -

4. 철근공사가 제대로 시공되었는지 여부 검토

4-1. 본 항의 조사 방법

본 감정 목적물과 같이 철근콘크리트 구조인 경우, 철근은 콘크리트 내에 매입되어 있어 철근 탐지기를 이용하여 콘크리트내의 철근을 탐지(비파괴검사)하여 현재의 철근을 조사하고, 이 조사 결과와 제시된 설계도면 중 구조도면(S-01~05)과 비교하여 철근공사의 적정 시공 여부를 확인하였음.

단, 본 감정 목적물과 같이 주택을 포함한 경우 실내 마감이 대부분의 철근콘크리트 구조물을 감싸고 있어 철근탐지가 불가능하므로 건물 전체의 철근탐사는 실시하지 못하였으며, 철근콘크리트가 노출되어 있는 1층 천정(2층 바닥)의 보 및 슬래브, 2~4층 발코니 옹벽 등에 국한하여 조사하였음. 본 철근탐지기를 통한 철근 조사 및 보고서 작성은 구조안전진단 전문업체인 (주)○○구조기술사사무소와 협력하여 조사, 작성하였음.

옹벽 비파괴조사(2~4층)	보 및 슬래브 비파괴조사 (1층 천정: 2층 바닥)

4-2. 철근 탐사 조사(계측) 위치

2층 조사 위치(슬래브, 보 및 벽체 조사)

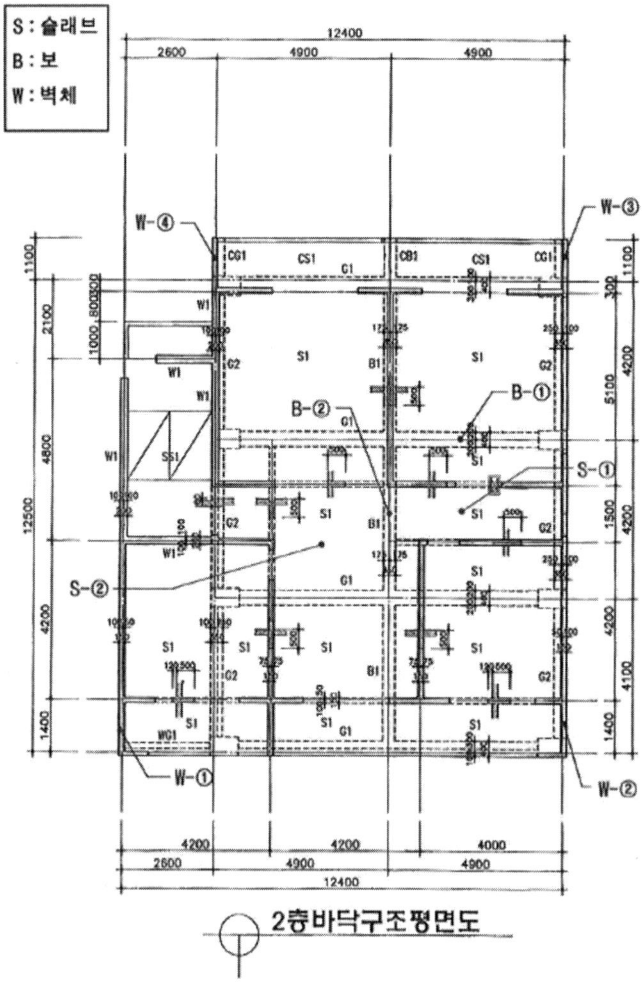

- 일부 계측 위치도 생략 -

4-3. 철근 탐사 조사(계측) 결과

1) 슬래브 철근 조사 결과

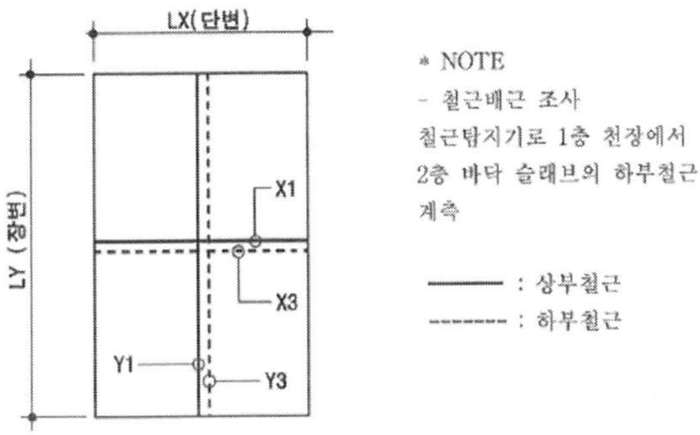

(1) 철근배근 조사 (단위 : mm)

조사번호	부재명	두께	장단변	철근 배근		판정
				설계치	계측치	
S-①	2S1	150	LX (단변)	X3 : HD10@250	X3 : HD10@230	O.K
			LY (장변)	Y3 : HD10@250	Y3 : HD10@250	O.K
S-②	2S1	150	LX (단변)	X3 : HD10@250	X3 : HD10@220	O.K
			LY (장변)	Y3 : HD10@250	Y3 : HD10@240	O.K

상기 조사표와 같이 조사된 슬래브의 철근은 제시된 구조도면의 설계치보다 동일하거나, 시공상의 오차범위에서 많이 설치되어 있어, 철근은 적정하게 시공되어 있음.

2) 보 철근 조사 결과

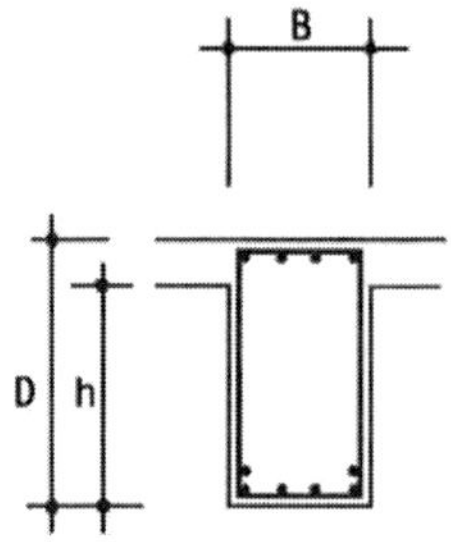

＊ NOTE
- 부재크기 조사
보의 폭(B)과 보의 하단부터 슬래브 하단까지 높이(h) 조사

- 철근배근 조사
철근탐지기로 보의 하부와 측면을 계측하여 보 하부 주근 및 늑근 (stirrup)의 배근 조사

(1) 부재크기 조사 (단위 : mm)

조사번호	부재명	부재 SIZE				판정
		설계치		계측치		
		B×D	h	B×D	h	
B-①	2G1	400×700	550	405×710	560	O.K
B-②	2B1	350×700	550	352×700	550	O.K

(2) 철근배근 조사 (단위 : mm)

조사번호	부재명	구분	철근 배근				판정
			설계치		계측치		
			주근(하부)	늑근	주근(하부)	늑근	
B-①	2G1	단부	4-HD22	HD10@150	4-HD22	HD10@150	O.K
		중앙	6-HD22	HD10@200	6-HD22	HD10@190	O.K
B-②	2B1	단부	3-HD22	HD10@150	3-HD22	HD10@145	O.K
		중앙	4-HD22	HD10@200	4-HD22	HD10@200	O.K

상기 조사표와 같이 조사된 보의 철근은 제시된 구조도면의 설계치보다 동일하거나, 시공상의 오차범위에서 많이 설치되어 있어, 철근은 적정하게 시공되어 있음.

3) 벽체(옹벽) 철근 조사 결과

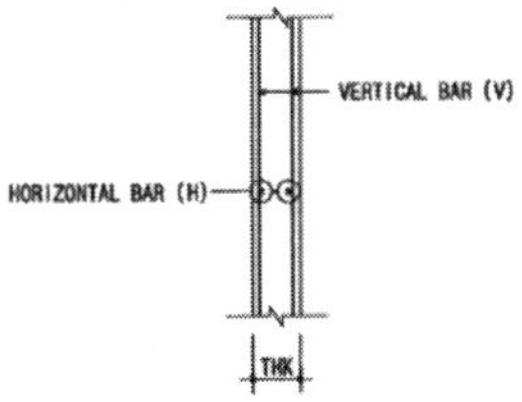

* NOTE
- 철근배근 조사
철근탐지기로 벽체의
수직 및 수평철근의 간격
조사

(1) 철근배근 조사 (단위 : mm)

조사 번호	부재명	두께	철근 배근			판정
			구분	설계치	계측치	
W-①	W1	200	수직(V)	HD10@200	HD10@200	O.K
			수평(H)	HD10@250	HD10@250	O.K
W-②	W1	200	수직(V)	HD10@200	HD10@200	O.K
			수평(H)	HD10@250	HD10@300	수평근 부족
W-③	W1	200	수직(V)	HD10@200	HD10@200	O.K
			수평(H)	HD10@250	HD10@295	수평근 부족
W-④	W1	200	수직(V)	HD10@200	HD10@200	O.K
			수평(H)	HD10@250	HD10@245	O.K
W-⑤	W1	200	수직(V)	HD10@200	HD10@200	O.K
			수평(H)	HD10@250	HD10@240	O.K
W-⑥	W1	200	수직(V)	HD10@200	HD10@190	O.K
			수평(H)	HD10@250	HD10@250	O.K
W-⑦	W1	200	수직(V)	HD10@200	HD10@185	O.K
			수평(H)	HD10@250	HD10@250	O.K
W-⑧	W1	200	수직(V)	HD10@200	HD10@180	O.K
			수평(H)	HD10@250	HD10@240	O.K
W-⑨	W1	200	수직(V)	HD10@200	HD10@200	O.K
			수평(H)	HD10@250	HD10@290	수평근 부족
W-⑩	W1	200	수직(V)	HD10@200	HD10@200	O.K
			수평(H)	HD10@250	HD10@295	수평근 부족

상기 조사표와 같이 조사된 10개의 벽체(옹벽) 중에서

가. 벽체 철근이 제시된 구조도면의 설계치보다 동일하거나, 시공상의 오차범위에서 많이 설치되어 있는 벽체 : W(1), (4)~(8) 6개 벽체

나. 벽체 철근이 제시된 구조도면의 설계치보다 시공상의 오차범위에서 일부 부족하게 설치되어 있는 벽체 : W(2), (3), (9), (10) 4개 벽체

상기와 같이 조사된 벽체 중 6개 벽체의 철근은 적정하게 시공되어 있으나, 벽체 철근이 일부 부족하게 시공되어 있는 벽체의 철근을 분석해 보면, 부족 철근은 모두 수평철근에서 나타나고 있으며, 그 부족 철근에 대해 정리해 보면 다음과 같음.

조사벽체	구분	설계치	계측치	판정
W(2)	수평철근	HD10@250	HD10@300	수평근이 25cm간격이나, 30cm로 시공
W(3)	수평철근	HD10@250	HD10@295	수평근이 25cm간격이나, 29.5cm로 시공
W(9)	수평철근	HD10@250	HD10@290	수평근이 25cm간격이나, 29cm로 시공
W(10)	수평철근	HD10@250	HD10@295	수평근이 25cm간격이나, 29.5cm로 시공

일반적으로 벽체 철근에서 벽체의 힘을 지지하는 주 철근은 수직철근으로, 수평철근은 수직철근의 이탈이나 철근의 간격유지 등을 목적으로 설치되는 보조철근인 점을 고려하고, 현재 시공된 수평철근의 간격이 시공상의 오차범위 내인 것으로 판단하여 일부 수평철근의 부족으로 인하여 건물의 구조적인 문제는 없는 것으로 판단됨.

4-4. 철근 적정 시공 여부 검토에 대한 결어

1) 본 감정 목적물에 대해 철근탐사기를 이용한 철근공사의 적정 시공을 확인해 본 바, 조사 가능한 보, 슬래브 및 일부 벽체의 철근은 설계치와 비교하여 적정하게 시공되어 있으며, 일부 벽체에서 수평철근이 시공상의 오차범위 내에서 부족하게 시공된 것으로 조사됨.

2) 수평철근이 부족한 일부 벽체는 시공상의 오차범위 내에서 수평철근이 부족하나, 수평철근은 수직철근의 이탈이나 철근의 간격유지 등을 목적으로 설치되는 보조철근인 점을 고려할 때, 일부 수평철근의 부족으로 인하여 건물의 구조적인 문제는 없는 것으로 판단됨.

감정 사례 2

- 감정의 종류 : 인접지 공사로 인한 발생 하자 감정
- 의뢰처 : 서울 ○○지방법원
- 본 감정의 특이한 사항

본 감정의 감정 사항을 정리해 보면 다음과 같다.

① 인접지 공사에 의해 본 감정 목적물에 나타난 하자의 원인과 그 하자에 대한 보수 공사비를 산정하는 감정

② 이격거리의 확보가 건축법에 준하여 시공되었는지 여부

③ ○○구 ○○동 ○○○번지 업무시설 중 공연장 설치로 인해 원고에게 발생하는 소음 및 진동 피해가 있는지 여부 및 만약 피해가 인정되는 경우 그 손해액의 정도

④ ○○구 ○○동 ○○○번지 업무시설 중 측면 보일러 설치로 인해 원고에게 발생하는 소음 및 분진 등의 피해가 있는지 여부 및 만일 피해가 인정되는 경우 그 손해액의 정도 아울러 하기 감정 신청 사항(원고 측 대리인이 작성한 감정 신청 사항임)을 보면 감정 신청 사항이 복잡하게 명기되어 있는데, 필자의 의견은 가장 잘못 신청한 감정 신청서라 판단되므로, 감정 신청 시 감정 사항의 명기를 간단하면서도 명확히 기술할 것을 권한다.

감정보고서

본 감정을 수행하기 위하여 재판장이 지시한 항목에 따라 물건을 확인함과 동시에 제반 자료를 수집한 후 신의와 성실에 좇아 공정하게 작성하였음으로 서명 날인함.

鑑 定 人

1. 사건번호 : 2008가단 ○○○○호 (원고 : ○○○)

(피고 : ○○○외 1명)

2. 감정 목적 : 손해배상

3. 감정 목적물 : 서울시 ○○구 ○○동 ○○○ 번지 위 지상

연와조 평슬래브 지하1층 지상2층 단독주택

대지면적 : 328.3㎡

연면적 : 161.06㎡(공부상 면적)

4. 감정 사항 : 다음 감정 신청 사항 참조

감정 신청 사항

1. ○○구 ○○동 ○○○ 번지 업무시설, 근린생활시설 신축공사 설계도면(갑 제5호중 5쪽) 중 주단면도(종)을 보면 인접 대지 경계선에 대해 지상 약 0.5m 이격거리를 두고 있는데, 이와 같은 이격거리로 공사가 진행되었는지 여부
2. ○○구 ○○동 ○○○ 번지 업무시설, 근린생활시설 신축공사 설계도면(갑 제5호중 5쪽) 중 주단면도(종)를 보면 인접 대지 경계선에 대해 지하로 약 80cm 침범하고 있음이 도면상 확인되는데, 실제 이와 같이 공사가 진행되었는지 여부
3. 1항과 같이 대지 경계선 기준인 1m보다 이격거리가 짧은 경우 이와 같은 이격거리 위반으로 인해 원고에게 발생한 손해액 및 그 구체적 계산 내역
4. 2항과 같이 지하로 인접 대지 경계선을 침범한 경우 원고에게 발생한 손해액 및 그 구체적 계산 내역
5. 감정 목적물 중 대지에서 발생한 균열, 지반 침하의 정도 및 그 원인
6. 감정 목적물 중 대지 상에 설치되어 있는 담장의 현재 안전상태 및 그 보수의 필요성 여부
7. 감정 목적물 중 대지 상에 설치되어 있는 출입문의 현재 안전상태 및 보수의 필요성 여부
8. 감정 목적물 중 대지 상에 설치되어 있는 조경의 훼손 상태 및 보수의 필요성 여부
9. 감정 목적물 중 건물 전체의 균열, 침하, 기울기 정도 및 원인
10. 5항에 인해 원고에게 피해가 발생한 경우 손해액 및 그 구체적 계산 내역
11. 6항으로 인해 원고에게 피해가 발생한 경우 하자 보수에 갈음하여 손해배상을 받는다면 그 손해액 및 구체적 내용
12. 7항으로 인해 원고에게 피해가 발생한 경우 하자 보수에 갈음하여 손해배상을 받는다면 그 손해액 및 구체적 내용
13. 8항으로 인해 원고에게 피해가 발생한 경우 하자 보수에 갈음하여 손해배상을 받는다면 그 손해액 및 구체적 내용
14. 9항으로 인해 원고에게 피해가 발생한 경우 하자 보수에 갈음하여 손해배상을 받는다면 그 손해액 및 구체적 내용
15. ○○구 ○○동 ○○○ 번지 업무시설 중 공연장 설치로 인해 원고에게 발생하는 소음 및 진동 피해가 있는지 여부 및 만약 피해가 인정되는 경우 그 손해액의 정도
16. ○○구 ○○동 ○○○ 번지 업무시설 중 측면 보일러 설치로 인해 원고에게 발생하는 소음 및 분진 등의 피해가 있는지 여부 및 만일 피해가 인정되는 경우 그 손해액의 정도
17. 기타 신문사항

감정 결과

1. 피고 신축건물의 이격거리 위반 여부 및 이로 인한 손해액

피고 신축건물 지하층 공연장의 해당 용도로 사용되는 바닥면적의 합계는 293.51㎡(감정 사항4-1-3항 참조)로 제2종 근린생활시설에 해당되므로, 인접대지와의 이격거리가 최소 50cm 이상만 확보되면 이격거리에 대한 법규 위반(관계법령 감정 사항 4-1-2항 참조)으로 볼 수 없는 바, 본 피고 신축건물의 인접대지 경계선 이격거리는 최소 64cm(감정 사항 4-1-1항 참조)가 확보되어 있어 이격거리 위반으로 볼 수 없으며, 이로 인해 원고에게 발생한 손해액은 없겠음.

2. 피고 신축건물의 인접대지 지하부분 경계선 침범 여부 및 이로 인한 손해액

설계도면, 측량결과 및 현황을 확인한 결과 피고 신축건물이 인접대지 지하부분을 침범하지 않았으므로(감정 사항 4-2항 참조) 원고에게 발생한 손해액은 없음.

3. 피고 신축건물이 감정 목적물 및 대지 등에 균열, 침하 등을 발생시킨 원인 분석

감정사항 4-3항 참조

4. 감정 목적물에 나타난 하자 현황, 보수의 필요성 여부 및 보수비 산정(대지상의 담장, 출입문, 조경 등 및 건물에 나타난 하자 전체에 대하여) 감정사항 4-4-1항 및 4-4-2항 참조

하자보수비 : ₩ 14,729,000 - (천원미만 절사 및 VAT 별도)

5. 피고 측 신축건물 내 공연장 설치로 인한 소음, 진동피해 여부 및 이로 인한 손해액

감정일 현재 공연장의 운영에 따른 직접적인 소음, 진동의 여부는 확인되지 않으나, 피고 측 신축건물 외부에 설치된 공연장을 위한 환기시설 작동 시 소음과 진동이 다소 심하게 발생하고 있어, 본 환기시설을 확인해 본 바, 피고 측이 공사 완료 후 건물주가 직접 설치한 것으로 확인되어 본 쟁송 당사자와는 무관하므로 피해 여부 및 이로 인한 손해액 산정은 제외하였음(감정 사항 4-5항 참조).

6. 피고 측 신축건물 측면 보일러 설치로 인한 소음, 분진피해 여부 및 이로 인한 손해액

- 피해여부 : 분진은 확인되지 않았으며, 경미한 소음과 약간의 매캐한 냄새 등 일정부분 이로 인한 피해는 발생하고 있으나, 피해의 정도 측정은 불가함.
- 손해액 : 본 항은 환경측정 전문기관에서 소음, 분진의 정도를 측정하여 그 정도를 기준으로 손해액이 산정되어야 하므로 본 감정에서는 산정이 불가하며, 추후 소음, 분진의 정도에 대해 정확한 자료가 제시될 시 손해액 산정이 가능하겠음.

감정 의견 및 공사비 산정에 대한 의견

1. 이 사건 피고 측 공사의 규모와 내역은 다음과 같음.

1) 소재지 : ○○○시 ○○구 ○○동 ○○○ 번지

2) 대지면적 : ○○○.○○㎡

3) 구조 : 철근콘크리트구조

4) 규모 : 지하2층, 지상5층, 연면적 ○○○.○○㎡

5) 용도 : 지하1~2층 - 기타공연장

지상1층 - 휴게음식점

지상2~5층 - 사무실

6) 지역, 지구 : 제2종 일반주거지역(7층 이하)

7) 굴토깊이 : 본건 인접지 굴토깊이 최소 7.6m~최대 10.05m

8) 흙막이공법 : ϕ400 C.I.P+H-Beam STRUT

9) 굴토기간

- CI P공사 : ○○○○년 1월 29일~3월 24일
- 터파기 공사 : ○○○○년 3월 31일~4월 30일
- 지하 콘크리트 타설 : ○○○○년 5월 6일~6월 28일

2. 위 공사와 관련하여 원고 또는 피고 측이 감정인에게 제출한 자료는 다음과 같음.

자료명	출처	작성처
현장검증 자료	원고 측	
피해진단 보고서	원고 측	○○구조ENG(주)
인접건물 현황 보고서	피고 측	(주)○○이엔씨 등
설계도서 CAD파일(사용검사 및 승인용)	피고 측	(주)○○○건축사사무소
굴토설계도서 CAD파일(굴토심의용)	피고 측	(주)○○○건축사사무소
지적현황 측량성과도	피고 측	대한지적공사○○구지사

3. 공사량의 산정은 현장에 임하여 실측한 설계도면에 의거 산출하였으며, 공사비 산정기준시점은 현장 조사 시점인 ○○○○년 12월을 기준으로 하였음.

4. 보수 공사의 범위는 현장에서 원고측이 제시한 사항을 기준으로 피고 측에서 제시한 '인접건물 현황 조사(○○○○년 2월, (주)○○이엔씨)' 를 참조하여, 피고가 신축한 건물의 영향에 의한 하자인지 여부를 판단하여 확정함.

5. 현장 조사는 비파괴조사를 원칙으로 하였으며, 은폐 또는 매몰되어 그 구성을 식별할 수 없는 부분은 일반적인 건축구성 통례에 따라 추정하여 감정한 것으로, 만약 은폐 또는 매몰된 부분이 본 감정인이 추정한 건축구성과 다른 것으로 확인되면 본 감정 결과는 수정될 수 있음.

6. 본 감정 목적물의 보수로 인한 마감재의 훼손에 따른 보수 공사량을 산정함에 있어 마감재의 균일성을 기하기 위하여 도장 및 도배 등은 내부 구획부분을 단위로 산정하였음.

7. 시공에 소요된 품의 산정은 표준품셈에 의하였고, 인건비는 대한건설협회에서 조사 발표한 각 연도별 시중 노임단가를, 자재 단가는 해당기간의 물가정보 실수요자 가격을 적용하여 산정하였으나, 공사 현장의 여건과 작업의 난이도 및 소량의 보수공사인 점을 감안하여 공종에 따라 일부 조정하여 적용하였음.

8. 공사원가 계산에 있어 제경잡비의 산출은 정부회계 원가계산제도인 '원가계산에 의한 예정가격작성준칙' 을 준용하여 산정하였음.

감정사항

4-1. 피고 신축건물의 이격거리 위반 여부 및 이로 인한 손해액

4-1-1. 피고 신축건물의 이격거리 현황

피고 측 신축건물과 감정 목적물 사이의 대지 경계선의 위치가 현황 담장과는 일치하지 않는다는 원고와 피고 측의 의견을 고려하여, 피고 측에서 제시한 측량 공인기관인 '대한지적공사 ㅇㅇ구지사' 에 피고 측이 의뢰하여 ㅇㅇㅇㅇ년 7월 16일에 발급받은 '지적현황 측량성과도' 를 보면, 신축건물의 2층 골조기준 이격거리는 최소 74.5cm, 최대 93.2cm로 확인되어 지상층 10cm 마감재 및 지하옹벽의 두께를 감안하면 피고 신축건물과 원고 측 인접대지경계선과의 이격거리는 최소 64.5cm, 최대 83.2cm로 확인되었으며, 현황의 이격거리는 담장 중심에서 최소 68cm, 최대 83cm로 확인됨.

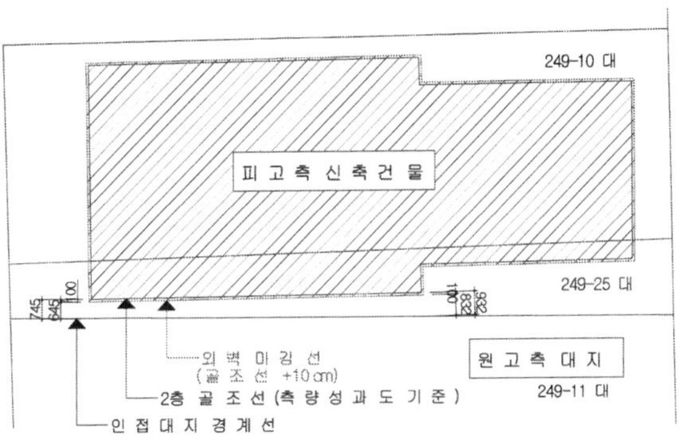

지적현황 측량성과도에 의한 피고 측 신축건물 이격거리 현황

4-1-2. 관련법규 검토

① 지하 공연장의 용도구분에 관한 법률

건축법 시행령 [별표 1] 용도별 건축물의 종류(제3조의4 관련)

▫ 4. 제2종 근린생활시설

마. 종교 집회장 · 공연장이나 비디오물 감상실 · 비디오물 소극장(〈영화 및 비디오물의 진흥에 관한 법률〉 제2조 제16호 가목 및 나목의 시설을 말한다. 이하 같다)으로서 같은 건축물에 해당 용도로 쓰는 바닥면적의 합계가 300㎡ 미만인 것

▫ 5. 문화 및 집회시설

가. 공연장(극장, 영화관, 연예장, 음악당, 서커스장, 비디오물 감상실, 비디오물 소극장, 그 밖에 이와 비슷한 것을 말한다)으로서 제2종 근린생활시설에 해당하지 아니하는 것

② 인접대지경계선으로부터 건축물까지 띄어야 하는 거리

■ 서울시 건축조례 [별표 4] 대지안의 공지기준 (제25조의2 관련)

2. 인접대지경계선으로부터 건축물까지 띄어야 하는 거리

다. 판매시설, 숙박시설(여관 및 여인숙 제외), 문화 및 집회시설(전시장 및 동 · 식물원 제외) 및 종교시설, 의료시설(장례식장에 한함), 1000㎡ 미만 1m 이상

■ 민법 242조 (경계선 부근의 건축)

① 건물을 축조함에는 특별한 관습이 없으면 경계로부터 반 미터 이상의 거리를 두어야 한다.

4-1-3. 이격거리 위반 여부 검토 및 이로 인한 손해액 산정

상기 관련 법규에서 정의하는 인접대지경계선으로부터 건축물까지 띄어야 하는 거리를 정리하면 다음과 같음.

용 도	해당면적으로 쓰는 바닥면적 합계	인접대지경계선으로 부터 건축물까지 띄어야 하는 거리	법 규
2종 근린생활시설 (공연장)	300㎡ 미만	규정 없음.	
문화 및 집회시설	(300㎡ 이상)~1,000㎡ 미만	1m 이상	서울시 건축조례
규정이 없는 경우 최소 이격거리		0.5m 이상	민법

상기와 같이 피고 신축건물의 지하층에 설치된 공연장의 해당면적으로 쓰는 바닥면적의 합계가 (300㎡ 이상)~1,000㎡ 미만이면 문화 및 집회시설로서, 인접대지경계선으로부터 건축물까지 띄어야 하는 거리를 1m 이상을 확보하여야 하며, 300㎡ 미만이면 2종 근린생활시설(공연장)로서, 최소 이격거리인 0.5m 이상을 확보하여야 하는 바, 본 신축건물의 공연장 해당면적으로 쓰는 바닥면적 산정에 대해 관할관청(마포구청)에 건축물 사용검사를 위하여 제출하고, 사용검사를 득한 설계도면(이하 '설계도면') A-002 면적표-2(별첨 첨부자료)에서 제2종 근린생활시설-공연장에 대해 발취해 보면 다음과 같음.

층별	전용면적	층별 공용면적	전체 공용면적 (펌푸실, 통신실)	합계 면적
지하2층 (제2종 근린생활시설 : 공연장)	126.66㎡	52.55㎡	11.54㎡	190.75㎡
지하1층 (제2종 근린생활시설 : 공연장)	57.63㎡	39.88㎡	5.25㎡	120.76㎡
제2종 근린생활시설 합계	184.29㎡	92.43㎡	16.79㎡	293.51㎡

상기 면적표는 공부상의 지하2층 바닥면적(기타공연장) 216.95㎡과 지하1층 바닥면적(기타 공연장) 97.51㎡, 합계 314.46㎡와 차이를 보이고 있는데, 이는 피고 측 신축건물의 지하2층에는 공연장 시설이 아닌 건물 전체에서 사용하고 있는 통신실 및 계단실 등이 시공되어 있으며(다음도면 참조), 건축법 시행령 [별표 1]에서 해당 용도로 쓰는 바닥면적의 합계로 규정하고 있는 바, 당 통신실 및 계단실의 면적을 전체 공용면적으로 보아 지하2층 제2종 근린생활시설(공연장)의 해당면적에서 제하고 각층 면적별로 배분하여 각층별 전체 공용면적을 산정하고 있음.

- 설계 도면 중략 -

상기와 같은 면적 산정 방법은 해당 용도로 쓰는 바닥면적의 합계로 규정하고 있는 법의 취지에 부합하며, 본 건과 같은 건축물 용도별 이격거리의 확보 여부는 건축법의 저촉 여부에 관한 사항으로 관할 관청의 확인 후 사용승인을 득하는 사안으로 공부상(집합건축물 관리대장)에도 지하1~2층의 용도가 '문화 및 집회시설' 이 아닌 '기타공연장' 으로 등재되어 있는 것으로 보아, 비록 피고 측((주)○○○건축사사무소)에서 작성한 설계도면이라 하더라도, 사용승인 시 제시된 설계도면의 면적표를 기준으로 건축물의 용도를 확정하는 것이 타당하다고 판단되어 피고 측 신축건물 지하 공연장은 300㎡ 미만 제2종 근린생활시설(기타공연장)으로, 규정이 없는 경우 최소 이격거리 0.5m 이상 확보할 시 적법하게 신축된 건물로 판단됨.

4-1-4. 결어

피고 신축건물 지하층 공연장의 해당 용도로 쓰는 바닥면적의 합계는 293.51㎡로 제2종 근린생활시설에 해당되므로 인접대지와의 이격거리가 최소 50cm 이상만 확보되면 이격거리에 대한 법규 위반으로 볼 수 없는 바, 본 피고 신축건물의 인접대지 경계선 이격거리는 최소 64cm가 확보되어 있으므로 이격거리 위반으로 볼 수 없으며, 이격거리 위반으로 인해 원고에게 발생한 손해액은 없겠음.

4-2. 피고 신축건물의 인접대지 경계선 침범 여부 및 이로 인한 손해액

4-2-1. 설계도면 검토

원고 측 주장은 '피고 신축공사 설계도면 중 주단면도(종)를 보면 인접대지 경계선에 대해 지상 1.1m를 침범하여 피고의 건물에 부속되는 구조를 설치하였을 뿐만 아니라 지하로 약 80cm를 침범하였다' 는 것이나, 설계도면 A-005 주단면도(종)(다음 도면 참조)를 보면 지하의 옹벽 외벽선이 인접대지 경계선과 최소 585mm~최대 686mm(설계도면 CAD 실측근거) 이격되어 있어, 설계도면에 피고 신축건물이 인접대지 경계선을 침범하지 않았음이 확인됨.

- 설계도면 생략 -

4-2-2. 현황 검토

본 피고 신축건물은 지하구조물을 설치하기 위해 지하옹벽 외벽선에서 인접대지경계선 쪽으로 총 50cm(여유치수 10cm+C.I.P.(흙막이 콘크리트) 40cm)가 확보가 되어야 지하 흙막이용 구조가 인접대지로 침범하지 않는 구조로 확인되는바, 상기 4-1-1항에서와 같이 현황측량성과도 기준 신축건물의 이격거리는 최소 64.5cm, 최대 83.2cm이며, 현황의 이격거리는 담장 중심에서 최소 68cm, 최대 83cm로 확인되어 지하 흙막이용 구조를 적용하더라도 현황에서 피고 신축건물이 인접대지를 침범하지 않았음이 확인됨.

피고 신축건물 인접대지 경계선 이격 현황

4-2-3. 결어

<u>설계도면, 측량결과 및 현황에서 피고 신축건물이 인접대지를 침범하지 않았음이 확인되어 원고에게 발생한 손해액은 없겠음.</u>

4-3. 피고 신축건물이 감정 목적물 및 대지 등에 균열, 침하 등을 발생시킨 원인 분석

4-3-1. 건물 현황 및 굴토공사 시 현황

본 항에 대하여 원고와 피고 간의 건물 현황 배치도를 도시하면 아래와 같음.

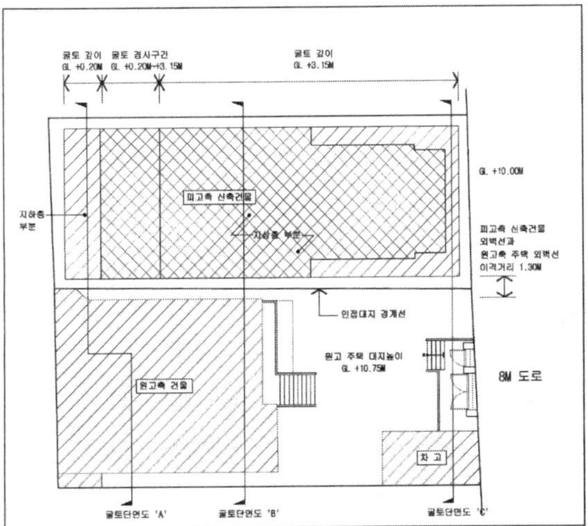

원고 주택과 피고 신축건물 현황 배치도

4-3-2. 지반침하, 건물 내외부의 균열 및 이격현상의 원인

본 건물들의 지반 침하와 균열 등이 인접지 공사(피고 측 (주)○○건설)와의 인과관계를 분석하기 위하여 우선 본 건 건물들에 발생되어 있는 균열 및 침하 사항을 조사한 결과 현장 조사 시 발견된 건물의 피해 상황은 토사 침하에 의한 외부 구조물 균열, 마감 이격과 내부의 균열, 마감 이격 등인 것으로 조사 되었는 바 일반적으로 건물은 신축 후 장기간 경과함에 따라 하기 요인에 의거 균열과 마감재 이격현상이 발생하는 것으로 그 발생요인을 분석하면 다음과 같음.

- 이하 일부 중략 -

4-3-3. 결론

위에서 기재된 바와 같이 2차에 걸쳐 조사, 확인된 결과를 종합할 때 본건 피해건물에 발생된 균열 및 침하 등은 일반적으로 발생되는 균열과 침하의 정도를 부분적으로 다소 넘은 상태가 인정이 되며, 굴토공사 전인 ○○○○년 2월 피고 측이 실시한 '인접건물 현황 조사((주)○○이엔씨)' 에 나타난 기 발생되어 있던 균열 및 이격현상이 현재는 더욱 심화되고 신규로 발생한 것으로 보아 내적요인에 의거 충분히 발생될 수 있는 균열과 이격현상이 외적요인인 인접지 굴토공사로 인한 지반의 이동 등에 의거 현재와 같은 상태로 발전되었다고 볼 수 있겠다.

- 이하 중략 -

4-4. 감정 목적물에 나타난 하자 현황, 보수의 필요성 여부 및 보수비 산정

4-4-1. 감정 목적물에 나타난 하자 현황

본 감정에서 감정 목적물에 나타난 하자는 원고 측에서 제시한 사항을 기준으로, 피고 측에서 제시한 '인접건물 현황 조사(○○○○년 2월, (주)○○이엔씨)' (이하 '피고제시 현황 조사')를 참조하여 보면 다음과 같음.

가. 지하층 하자 현황

■ 지하층 하자 발생 위치

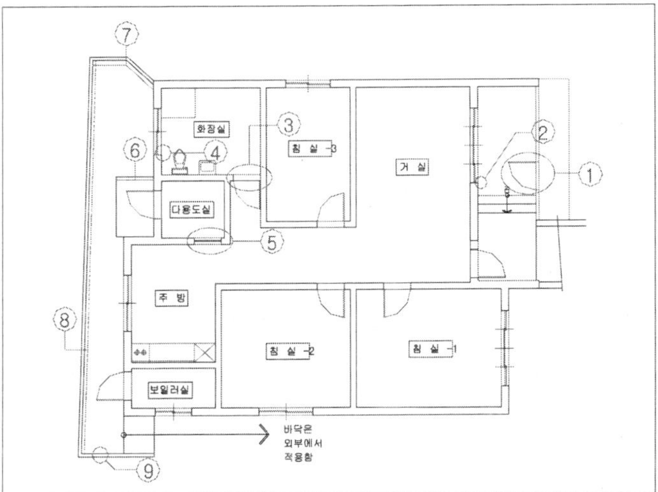

지 하 층 하 자 위 치 도

■ 지하층 하자 내용

번호	하 자 내 용
1	문짝(스테인리스) 개폐 불량
2	콘크리트 벽 수직 균열 폭 0.3mmX 길이0.6m
3	문틀 이격 및 타일 줄눈 탈락
4	창문 하부 타일 탈락 (0.2mX0.4mX2개소)
	- 이하 중략 -

- 이하 각층별 하자 발생 위치도 생략 -

4-4-2. 감정 목적물에 나타난 하자의 보수 여부 및 보수비 산정

본 감정에서 하자는 원고 측에서 제시한 사항을 기준으로, '피고제시 현황 조사'를 참조하여 인접지 공사로 인해 발생한 하자인지 여부 및 더욱 심화된 하자인지 여부를 판단하여 피고 신축건물로 인하여 감정 목적물에 나타난 하자의 범위를 확정하여 보면 다음과 같음.

가. 지하층에 나타난 하자의 보수 여부 및 보수비 산정

1) 문짝 개폐불량 및 문틀 이격

현관 출입 스테인리스 문짝의 개폐가 불량하며 일부 문틀이 벽체에서 이격되어 있으므로, 스테인리스 문짝 손보기와 이격문틀은 철거하고 보수 후 재설치하는 데 소요되는 공사비를 산정함.

지하층 문틀 이격

- 이하 일부 중략 -

4-5. 피고 측 신축건물 내 공연장 설치로 인한 소음, 진동피해 여부 및 이로 인한 손해액

본 항의 공연장 설치로 인한 소음, 진동피해 여부에 대해 감정일 현재 공연장의 운영에 따른 직접적인 소음, 진동의 여부는 확인되지 않으나, 원고 측의 의견은 피고 측 신축건물 1층에 설치한 지하 공연장의 환기를 위한 시설(다음 사진 참조)에 대해 소음, 진동이 심하다는 사항으로, 본 환기 시설에 대해 확인해 본 바, 소음과 진동이 환기시설 작동 시 다소 심하게 발생하고 있으나, 본 시설은 피고 측((주)ㅇㅇ조사건설)이 설치한 시설물이 아니며, 피고 측이 공사 완료 후 신축건물의 건물주가 직접 설치한 시설로 확인되었으므로 본 쟁송의 당사자와는 별개의 사안으로 보아 본 항의 손해액 산정은 제외함.

신축건물 건축주가 설치한 지하 공연장 환기시설

4-6. 피고 측 신축건물 측면 보일러 설치로 인한 소음, 분진피해 여부 및 이로 인한 손해액

6-1. 현황 조사

피고 측 신축건물의 2~5층에는 원고 측 대지를 향하여 발코니가 설치되어 있고 이 발코니에 난방을 위한 가스보일러(경동나비엔 30,000kcal)가 각층별(2~5층 4대)로 설치되어 있음.

일반적으로 가스보일러는 분진은 거의 발생하지 않으나, 소음은 순환펌프로 인해 경미한 소음과 일부 불완전 연소 등으로 인하여 약간의 냄새를 유발하는 보일러로, 가스보일러 4대를 전층에서 가동하는 동절기 오후 4시 현장 조사 결과는 다음과 같음.

- 소음 : 생활에 불편을 주지 않을 정도의 경미한 소음 발생
- 냄새 : 약간의 매캐한 냄새 유발

■ 분진 : 확인되지 않음.

■ 기타 : 본 보일러의 연통은 최초 원고 측 주택을 향해 설치되었으나, 원고 측의 요구로 다음 사진과 같이 피고 측이 북측으로 구부려 설치하였다고 함.

■ 피해여부 : 분진은 확인되지 않으나, 경미한 소음과 약간의 매캐한 냄새 등 일정부분 이로 인한 피해는 발생하고 있으나, 피해의 정도 측정은 불가

원고 측 주택 정원에서 본 보일러 설치 현황

6-2. 손해액 산정

보일러에서 유발하는 경미한 소음과 냄새에 대한 손해액의 산정은 환경측정 전문기관에서 소음, 분진의 정도를 측정하여 그 정도를 기준으로 손해액이 산정되어야 하므로 본 감정에서는 산정이 불가하며, 추후 소음, 분진의 정도에 대해 정확한 자료가 제시될 시 손해액 산정이 가능하겠음.

감정 사례 3

- 감정의 종류 : 기성고(기성액) 산정
- 의뢰처 : (주)○○감정평가법인
- 본 감정의 특이한 사항

본 감정은 법원으로부터 의뢰받은 감정이 아닌 감정평가법인의 감정평가사로부터 의뢰받은 감정으로, 토지의 가치와 함께 공사가 일부 진행된 건물의 가치를 산정하여 감정 목적물 전체의 현존가치를 감정평가하기 위해 진행된 감정이었다.

〈감정보고서〉

1. 감정의뢰인 : (주)○○감정평가법인

2. 감정 목적 : 공사 중단으로 인한 기성액 산정

3. 감정 목적물 : ○○도 ○○군 ○○읍 고한리 ○○○번지 외 1필지

RC조 지하4층, 지상 10층

연면적 : 15,613.33㎡

○○○ 호텔 신축공사 중 공사 중단 상태 일체

4. 감정 사항 : 공사 중단 시점까지의 감정 목적물에 대한 기성액

감정 결과

감정 목적물의 기성액 : ₩ 5,778,974,000-

* 천원미만 절사 및 VAT 별도

구 분	금 액	비 고
1. 건물을 완성하는 데 소요 될 공사비 (총공사비)	₩28,071,725,619- (VAT 별도)	기성에 소요된 공사비 + 미시공 부분에 소요될 공사비
2. 현 시점까지 소요된 공사비 (기성공사비)	₩5,284,227,848- (VAT 별도)	
3. 기성고 비율(2÷1)	18.82 % (완성도)	$\frac{\text{기성공사비}}{\text{총공사비}} \times 100$
4. 도급계약 금액 (2007년 2월22일 변경계약서)	₩30,700,000,000- (VAT 별도)	
6. 기성율에 의한 기성액	₩5,778,974,000- (천원미만 절사 및 VAT 별도)	도급계약금액(4)× 기성비율(3) (30,700,000,000×18.82%)

* 본 감정의 수행을 위하여 의뢰인이 의뢰한 사항에 따라 현황 및 설계도면, 도급 내역서를 확인하여 감정에 임 하였는바 기성율 산정방식은 대법원 판례(1995. 6. 9 94다29300)를 준하였으며 그 판결요지는 아래와 같음.

'공사를 완성하지 못한 채 공사도급 계약이 해제되어 기성고에 따른 공사비를 정산하여야 할 경우 특별한 사정이 없는 한 그 공사비는 약정 총공사비에서 곧바로 미시공 부분의 완성에 실제로 소요될 공사비를 공제하여 산정할 것이 아니라, 기성부분과 미시공 부분에 실제로 소요되거나 소요될 공사비를 기초로 산출한 기성고 비율을 약정 공사비에 적용하여 산정하여야 한다. 기성고 비율은 이미 완성된 부분에 소요된 공사비에, 미시공 부분을 완성하는 데 소요될 공사비를 합친 전체 공사비 가운데 이미 완성된 부분에 소요된 비용이 차지하는 비율이다'

참조조문 : 민법 제664조, 제665조, 제673조.

참조판례 : 88다카32470(1989. 12. 26), 91다42630(1992. 3. 31),
93다25080(1993. 11. 23).

위 대법원 판례에 따라 설계도면, 공사도급내역서와 현황의 자재 및 상태를 감안하여 기성율을 산정하고, 그 기성율에 따라 기성액을 산정하였음.

기성액 산정에 대한 의견

1. 현재 본 감정 목적물의 기 시공된 공종은 다음과 같음.

① 공통가설공사 : 가설울타리 설치 및 가설사무실 등

② 철근콘크리트공사 : 지하1층 바닥 이하 철근콘크리트 타설

③ 토목공사 : 터파기 및 흙막이 공사 설치 완료

④ 설비, 전기공사 : 철근콘크리트 타설에 의한 배관 및 슬리브 작업

2. 공사비 산정 기준일은 공사 중단 시점인 ○○○○년 10월임.

3. 공사량의 산정은 제시된 설계도면 및 내역서를 기준으로 현장에 임하여 실측에 의거 산출하였음.

4. 감정기준일 현재 현장에 반입되어 시공되지 않은 자재 및 외부에 발주 중인 공종 등은 그 물량과 수량 파악이 불가하고 시공이 되지 않은 상태이므로 기성 공사량의 산정에서 제외하였음.

5. 현장 조사는 비파괴조사를 원칙으로 하였으며, 은폐 또는 매몰되어 그 구성을 식별할 수 없는 부분(흙막이, 전기 배관 등)은 제시된 설계도면과 설계도면에 미흡하게 표기된 부분은 일반적인 건축구성 통례에 따라 감정하였으나, 만약 은폐 또는 매몰된 부분 등이 본 감정인이 추정한 건축구성과 다른 것으로 확인되면 본 감정의 결과는 변경될 수 있음.

6. 시공에 소요된 품의 산정은 표준품셈에 의하였으며, 인건비는 대한건설협회에서 조사 발표한 각 연도별 시중 노임단가를, 자재 단가는 해당기간의 물가정보 실수요자 가격을 적용하여 산정하였으나, 공사 현장의 여건과 작업의 난이도에 따라 일부 조정하여 적용하였으며, 일부 공종은 전문업체의 전문견적에 의하였음.

7. 공사 원가 계산에 있어 간접비(간접노무비, 일반관리비, 산재보험료 등)의 비율은 공사도급내역서 상의 비율에 의거 산정하였음.

감정 사례 4

- 감정의 종류 : 기성고(기성액) 산정
- 의뢰처 : ㅇㅇ감정평가사사무소
- 본 감정의 특이한 사항

본 감정은 법원으로부터 의뢰받은 감정평가사로부터 재의뢰받은 감정으로, 토지의 가치와 함께 약 19년 전 공사가 중단된 건물의 가치를 산정하여 감정 목적물 전체의 현존가치를 감정평가하기 위해 진행된 감정이었다.

본 감정 목적물인 연립주택은 장시간 공사 중단 상태로 방치되어 공사 관련 설계도면 및 내역서 등이 존재하지 않고 약 20년 전 건축허가 서류만이 존재하여, 그 건축허가 서류를 기준으로 본 연립주택을 당시 기준으로 일반적인 건축 통례를 바탕으로, 재설계하여 미시공 부분을 확정하여 진행한 감정이었다.

그러나 약 20년 전 공사 당시의 도급공사금액이 확정되지 않은 상황이었으므로, 기성고 산정은 불가능하여 기성율만을 산정한 감정이었다.

〈감정보고서〉

1. 감정의뢰인 : ㅇㅇ감정평가사사무소

2. 감정 목적 : ㅇㅇ지방법원 ㅇㅇ지원 제1민사부 제출용

3. 감정 목적물 : ㅇㅇ도 ㅇㅇ시 단원동 ㅇㅇ동 ㅇㅇㅇ 소재

연립주택 신축공사 중 공사가 중단된 건물 일체

4. 감정 사항 : 본 사건 공사가 중단된 건물에 대해 공사가 중단된 상황을 기준으로 기성율을 산정할 것.

감정 결과

감정 목적물의 기성율 : 47.66%

구 분	금 액	비 고
1. 건물을 완성하는 데 소요 될 공사비 (총공사비)	₩7,353,015,518 - (VAT 별도)	기성에 소요된 공사비 + 미시공 부분에 소요될 공사비
2. 현 시점까지 소요된 공사비 (기성공사비)	₩3,504,296,200 - (VAT 별도)	
3. 기성고 비율(2÷1)	47.66 % (완성도)	$\frac{\text{기성공사비}}{\text{총공사비}} \times 100$

* 본 감정의 수행을 위하여 의뢰인이 의뢰한 사항에 따라 현황을 확인하여 감정에 임하였는 바, 기성율 산정방식은 대법원 판례(94다29300 1995. 6. 9)에 준하였으며 그 판결요지는 아래와 같음.

'공사를 완성하지 못한 채 공사도급 계약이 해제되어 기성고에 따른 공사비를 정산하여야 할 경우 특별한 사정이 없는 한 그 공사비는 약정 총공사비에서 곧바로 미시공 부분의 완성에 실제로 소요될 공사비를 공제하여 산정할 것이 아니라, 기성부분과 미시공 부분에 실제로 소요되거나 소요될 공사비를 기초로 산출한 기성고 비율을 약정 공사비에 적용하여 산정하여야 한다. 기성고 비율은 이미 완성된 부분에 소요된 공사비에 미시공 부분을 완성하는 데 소요될 공사비를 합친 전체 공사비 가운데 이미 완성된 부분에 소요된 비용이 차지하는 비율이다.'

참조조문 : 민법 제664조, 제665조, 제673조.

참조판례 : 88다카32470(1989. 12. 26), 91다42630(1992. 3. 31),

93다25080(1993. 11. 23).

위 대법원 판례에 따라 현황의 자재 및 상태를 감안하고, 미시공 부분은 현황 및 재설계를 통해 기성고 산정방식에 따라 기성비율(기성율)을 산정하였음.

공사비 산정에 대한 의견

1. 본 감정의 목적은 ○○도 ○○시 ○○동 ○○○ 번지 소재 연립주택 신축공사 중 공사가 중단된 건물 일체에 대해 중단된 건물을 기준으로 기성율 산정을 위한 감정으로, 현장에 임하여 시공되었는지 여부, 현존해 있는 상태, 규모의 측정 등 물건을 확인한 후 현장에서 실측하여 작성한 설계도면을 기준으로 공사비를 산정하였음.
2. 공사비 산정 기준일은 현장 조사 시점인 ○○○○년 7월 기준으로 하였음.
3. 감정기준일 현재 현장에 반입되어 시공되지 않은 자재 및 외부에 발주 중인 공종 등은 그 물량과 수량 파악이 불가하고 시공이 되지 않은 상태이므로 기성 공사량의 산정에서 제외하였음.
4. 현장 조사는 비파괴조사를 원칙으로 하였으며, 은폐 또는 매몰되었거나 조사가 불가능하여, 그 구성을 식별할 수 없는 부분(흙막이, 전기 배관 등)은 건축구성 통례에 따라 감정하였으나, 만약 은폐 또는 매몰된 부분 등이 본 감정인이 추정한 건축구성과 다른 것으로 확인되면 본 감정의 결과는 변경될 수 있음.
5. 본 감정 목적물에 대한 설계도면 및 내역서 등은 존재하지 않아 미 시공된 부분에 대한 파악이 불가한 상황이었으나, 당시 설계변경 허가를 득한 서류는 제시되어 현황의 상황과 제시된 설계변경 허가를 득한 서류를 참조하여 감정인이 추정하여 일반적인 건축 통례를 기준으로 설계(첨부 설계도면 참조)를 확정하여 미 시공 부분에 대하여 추정하여 공사량 및 공사비를 산정하여 감정하였음.
6. 공사비 산정은 공사에 소요된 인건비는 대한건설협회에서 조사 발표한 각 연도별 시중노임단가를, 자재의 단가는 해당기간의 물가정보 실수요자 가격을 적용하여 산정하였으며, 시공에 필요한 인력품의 산정은 대한건설협회에서

발간한 표준품셈에 의하였으나 적용하였음.

7. 본 건 건물에 시공된 공사 중 일부 공사는 그 자재와 시공 상태 등을 고려하여 일부 평당 가격으로 공사비를 산정하였으며 공사비를 평당 가격으로 산정하는 방식은 대상 물건에 전기, 설비와 같이 매립되어 보이지 않는 부분과 시공에 고도의 전문성을 필요로 하여 시공공법과 시공기술에 따라 공사비 차이가 많이 나는 경우에 해당 시공부분의 시공된 수준과 목적, 공사기간, 현장의 상황, 시공에 소요된 자재의 종류 등을 고려하고 다른 시공사례들을 참작하여 해당 시공부분에 통상적으로 소요되리라 예상되는 공사비를 면적에 비례하여 간접적으로 산정하는 방식임.

8. 공사원가 계산에 있어 제경잡비의 산출은 정부회계 원가계산제도인 '원가계산에 의한 예정가격작성준칙' 을 준용하여 산정하였음.

〈감정사항〉

본 감정의 개요

본 감정은 공사가 중단된 연립주택의 기성율을 산정하는 감정으로, 기성율을 산정하기 위해 본 감정 목적물의 공사가 중단된 상태의 현재 상황을 보면 다음과 같으며, 공사가 중단된 현 공사 상황에 대해서는 하기 항에서 자세히 다루도록 하겠음.

① 콘크리트 구조물공사

대부분의 콘크리트 구조물은 완료가 된 상황임.

② 연립주택 마감공사

연립주택 각 평형 1세대씩은 샘플세대로 내부 마감공사가 완료된 상황이며, 일부 연립주택 내부의 마감이 진행되고 있었던 상황임.

-이 하 일 부 중 략 -

본 감정은 기성율 산정에 관한 감정이므로 현재의 상황과 아울러 미시공 부분에 대해서도 확정하여 총공사비를 확정하여야 하는데, 본 감정 목적물에 대한 설계도면이나 내역서 등이 제시되지 않아 미시공 부분의 확인이 불가하여 본 감정에서는 미시공 부분에 대하여 제시된 서류 중 본 감정 목적물에 가장 최근에 적용되었을 것으로 추정되는 '건축허가신청서 및 허가서' (2차 설계변경: ○○○○년 9월 2일)와 현황을 참조하여, 본 감정인이 공사 당시 시공하였을 것으로 추정되는 상황을 고려하여 감정인이 재설계를 하고, 이를 기준으로 미시공 부분의 공사량 및 공사 정도를 확정한 후, 미시공 부분을 포함한 총공사비를 산정하여 본 감정 목적물의 기성율을 산정하였음.

본 감정 목적물의 설계 개요

감정 목적물에 가장 최근에 적용되었을 것으로 추정되는 '건축허가신청서 및 허가서' (2차 설계변경: ○○○○년 9월 2일)에 나타난 본 감정 목적물의 설계 개요를 정리해 보면 다음과 같음(별첨 제시 서류 참조).

- 대지위치 : ○○도 ○○시 ○○동 ○○○ 번지
- 대지면적 : ○,○○○.○○㎡
- 건물주용도 : 연립주택 지하1층, 지상4층 4개동
  ○○평형 ○○세대, ○○평형 ○○세대 총 ○○세대
- 건물구조 : 연립주택 : 철근콘크리트 벽식구조(대피소 포함)
  지하주차장 : 철근콘크리트 라멘구조
- 연면적 : ○,○○○.○○㎡
- 어린이놀이터 : ○○○.○○㎡ 1개소
- 비상저수조 : 지하저수조 ○○○톤, 고가수조 ○○톤

-이하 일부 중략 -

본 감정 목적물의 기 시공 부분 확정

1) 철근콘크리트 건물 구조체 공사

본 연립주택과 지하주차장 등 본 감정 목적물의 구조체는 거의 완료되어 있음.

(일부 화단 및 담장 기초 부분과 같이 차후 시공 부분은 미시공 상태)

2) 연립주택 계단실 부분

계단실 내부 미장 및 세대 철제 문틀 설치 공사가 완료되어 있고, 외부 창문은 2개소를 제외한 모든 창문 설치 완료(유리창 및 현관 강화유리문, 계단실 최상층 천정, 계단 바닥설치공사, 계단실 내부 도장공사 미시공 상황임).

3) 연립주택 세대내부 마감공사

① 마감완료 부분

■ B동 103호와 D동 103호는 샘플세대로 모든 마감 완료

② 세대별 내부 마감공사 부분(이하 중략)

4) 건물 외부

건물 외부 일부분 미장 및 일부분 콘크리트면 다듬기 시공, 지붕 방수공사 완료됨.

-이하 일부 중략 -

본 감정 목적물의 미 시공 부분 확정

본 미시공 부분은 내역서 및 설계도면이 제시되지 않아 현황의 상황과 제시된 설계변경 허가를 득한 서류를 참조하여 당시 시공하였을 것으로 판단되는 시공 방법을 감정인이 추정하여 일반적인 건축 통례를 기준으로 설계(첨부 설계도면 참조)를 확정하여 미시공 부분에 대하여 추정하여 확정하였으며, 연립주택 내부 마감은 샘플세대를 기준으로 미시공 부분의 공사 방법을 확정하여 보면 다음과 같음.

1) 지상층 건물 외부

콘크리트 면 다듬기(견출) 위 수성페인트 바르기

2) 지붕 마감공사

주변 현황을 참조하여 스페니쉬 기와 잇기

3) 계단실 마감공사

계단실 벽과 천정 페인트는 무늬코트 페인트, 바닥은 화강석 계단판 및 바닥

4) 세대내부 마감공사

-이하 중략 -

감정 사례 5

- 감정의 종류 : 투입공사비 산정
- 의뢰처 : ㅇㅇ감정평가사사무소
- 본 감정의 특이한 사항

본 감정은 법원으로부터 의뢰받은 감정평가사로부터 재의뢰받은 감정으로, 토지의 가치와 함께 공사가 중단된 건물의 가치를 산정하여 감정 목적물 전체의 현존가치를 감정평가하기 위해 진행된 감정이었다.

상기 감정 사례-4항과의 차이점은 소유권 이전 등기를 위해 현존가치 산정은 동일하나, 감정 의뢰 사항이 현 시점의 투입 공사비를 산정하라는 것이었다.

공사가 중단된 목적물의 가치를 산정하는 방법은 계약도급금액이 확정되어 있다면 상기 4-4항의 사례와 같이 진행될 수도 있으나, 계약도급금액이 확정되어 있지 않다면 본 사례와 같이 현재시점에서 각 공정별 투입공사비를 산정한 후 각 공정을 사용 연수를 기준으로 감가수정을 하는 것도 한 방법이므로, 본 사례는 후자 방법을 사용한 감정평가의 방법 중 한 방법이다.

감정보고서

1. 감정의뢰인 : ○○감정평가법인

2. 감정 목적 : ○○지방법원 ○○지원 제1민사부 제출용

(○○○○ 가합 ○○○○○호 소유권 이전 등기 등)

3. 감정 목적물 : ○○도 ○○시 단원동 ○○동 ○○○ 소재

지하 4층, 지상 8층의 신축공사 중 중단되어 있는 건축물.

지하 4층 : 기계실, 전기실, 주차장

지하 3~2층 : 주차장

지하 1층 : 주차장, 판매시설

지상 1~2층 : 판매시설, 업무시설, 주차장

지상 3~8층 : 판매시설

연 면 적 : ○○,○○○.○○㎡

4. 감정 사항 : 신축 공사 중 중단되어 있는 위 건축물에 대하여 현재시점인 ○○○○년 1월 기준의 투하비용의 산정

감정 결과

투입 공사비(투하비용) ₩12,010,523,000원

공 종	투입 공사비	비 고
1. 건축 공사비 합계	8,433,072,000	
2. 전기 공사비 합계	450,480,000	
3. 설비 공사비 합계	2,666,799,000	
4. 승강기 공사비 합계	289,089,000	
5. 부대 공사비 합계	262,080,000	
합 계	₩12,101,523,000-	천원 단위 미만 절사. V.A.T. 별도

* 본 감정의 수행을 위하여 의뢰인이 의뢰한 사항에 따라 현황 및 설계도면, 내역서를 확인하여 감정에 임하였는 바, 기성고 산정방식에 대한 대법원 판례(94다29300 1995. 6. 9)를 기준 할 경우 그 판결요지는 아래와 같음.

'공사를 완성하지 못한 채 공사도급 계약이 해제되어 기성고에 따른 공사비를 정산하여야 할 경우 특별한 사정이 없는 한 그 공사비는 약정 총공사비에서 곧바로 미시공 부분의 완성에 실제로 소요될 공사비를 공제하여 산정할 것이 아니라, 기성부분과 미시공 부분에 실제로 소요되거나 소요될 공사비를 기초로 산출한 기성고 비율을 약정 공사비에 적용하여 산정하여야 한다. 기성고 비율은 이미 완성된 부분에 소요된 공사비에 미시공 부분을 완성하는 데 소요될 공사비를 합친 전체 공사비 가운데 이미 완성된 부분에 소요된 비용이 차지하는 비율이다.'

참조조문 : 민법 제664조, 제665조, 제673조.

참조판례 : 88다카32470(1989. 12. 26), 91다42630(1992. 3. 31), 93다25080(1993. 11. 23).

위 대법원 판례에 따라 설계도면, 계약서와 현황의 자재 및 상태를 감안하여 기성고 산정방식에 따라 기성비율에 의거 공사비를 산정하여야 하나 본 건의 경우 감정 신청 자체가 기성율에 의한 기성공사비의 산정이 아닌 ㅇㅇㅇㅇ년 1월 기준의 감정대상 목적물의 현존가치 산정을 위한 총 공사에 투하된 비용의 산정이므로 상기 판례에 구애됨이 없이 공사 중단 시점까지 총 투하비용을 ㅇㅇㅇㅇ년 1월 기준으로 산정하였음.

공사비 산정에 대한 의견

1. 본 감정대상 목적은 인천광역시 서구 마전동 690-50외 소재 신축공사 중 중단되어 있는 건축물에 대한 투하비용 산정에 대한 감정임.

2. 본 감정 대상물에 대한 공사비 산정은 현장에 임하여 시공되었는지 여부, 현존해 있는 상태, 규모의 측정 등 물건을 확인한 후 제시된 관계서류와 실측자료 및 설계도면을 근거로 물량을 산출한 후 공량의 품셈은 표준품셈에 의하였으며 노임은 시중노임단가, 자재의 가격은 가격시점 기준일의 물가정보 실수요자 가격 및 제시된 내역서와 실제 시공업체의 단가 등을 준용하여 산정하였음.

3. 본 건의 투하비용 산정 기준일은 ○○○○년 1월을 기준으로 소요공사비를 산정하였음.

4. 본 감정은 현존하는 미완공된 건물에 대한 현존가치를 산정하는 것이므로 현존하는 형태 및 마감재를 기준으로 산정하되 벽체 등의 내부에 매입되어 확인이 불가한 자재(철근 배근 등) 및 설비 등에 대해서는 내역서를 참조하되 일반적 시공방법을 기준하여 산정하였음.

5. 공사원가 계산에 있어 간접비의 산출은 회계 예규 2200-04-105-8 원가 계산에 의한 예정가격작성준칙을 적용하여 산정하였음.

감정사항

기시공 부분 확정

현장에 임하여 확인된 감정 대상물의 기 시공된 부분은 다음과 같음.

1. 흙막이 공사

2. 철근 콘크리트 공사

3. 조적공사

4. 방수공사

5. 계단벽, 기둥 미장공사

6. 계단실 걸레받이 석공사

7. 스틸 문틀공사

8. 방화, 방범 셔터설치

9. 지붕 DRAIN 설치

10. 보일러, 냉난방, 공기조화용 설비 기계 설치

11. 정화조 설치

-이하 일부 중략 -

감정 사례 6

- 감정의 종류 : 투입 공사비 산정 감정
- 의뢰처 : 서울 모지방법원
- 본 감정의 특이한 사항

본 감정은 건물명도 소송으로, 유익비에 관련된 비용은 제외하고 건물을 유지하기 위해 투입된 공사비에 대한 감정이었다.

당사자에게 확인해 본 바, 유익비에 관한 비용은 임대차 계약 시 무시하는 것으로 계약되어, 추가로 건물을 유지하기 위해 투입된 공사비만이 쟁송의 대상이었던 감정이었다.

감정보고서

본 감정을 수행하기 위하여 재판장이 지시한 항목에 따라 물건을 확인함과 동시에 제반 자료를 수집한 후 신의와 성실에 좇아 공정하게 작성하였음으로 서명 날인함.

鑑 定 人

1. 사건번호 : ○○○○가합 ○○○○호(원고 : ○○○ 외 1인)

(피고 : ○○○)

2. 감정 목적 : 건물명도

3. 감정 목적물 : ○○도 ○○시 ○○동 ○○○ 위 지상에 건축된

철근콘크리트 슬래브4층 근린생활시설

4. 감정 사항 : 이 사건 건물에 관하여 다음의 공사가 진행되었는지 여부 및 그 공사에 따른 시설물(부속물)의 설치 공사비

감정 사항

1. 도시가스 공사(건물 전체가 사용할 수 있도록 1층 및 지하에 설치)

2. 보일러 설치공사

3. 옥상 보일러실공사

4. 샷시공사

5. 철근보강공사

6. 계단설치 및 마감공사

7. 설비공사(기존 시설 철거 및 위생배관공사)

8. 화장실공사

9. 전기공사(배전반 포함)

10. 에어컨공사

11. 외부 리모델링공사

12. 주차장 바닥공사

13. 소방보수공사

감정 결과

투입 공사비 : 121,738,000원

1. 천원 미만 절사 및 부가가치세 별도

2. 공사비 산정 시점 : 현장 조사 시점 (○○○○년 7월)

항 목	공사진행 여부	공사비
1. 도시가스공사	공사하였음	11,383,925원
2. 철골보강공사	공사하였음(추정)	7,431,703원
3. 계단설치공사	공사하였음	7,008,000원
4. 계단마감공사	공사하였음	6,497,542원
- 이하 중략 -		
[공사비 합계]		121,738,353원

설치 공사비 산정에 대한 의견

1. 본 감정과 관련하여 피고 측이 제시한 자료 및 현장에서 실측한 내용을 기준으로 감정하였음.

2. 본 감정은 피고 측이 제시한 감정 사항을 중심으로 감정하였으며, 감정 사항에 미흡하게 표기된 부분은 현장 조사 시 피고 측의 주장과 현황을 비교하여 일반적 건축 통례에 따라 감정하였음.

3. 현장 조사는 비파괴조사를 원칙으로 하였으며, 은폐 또는 매몰되어 그 구성을 식별할 수 없는 부분(구조, 설비, 전기 등)은 제시된 설계도면과 일반적인 건축구성 통례에 따라 감정하였으나, 만약 은폐 또는 매몰된 부분이 본 감정인이 추정한 건축 구성과 다른 것으로 확인되면 본 감정의 결과는 변경될 수 있음.

4. 공사비 산정 기준 시점은 현장 조사 시점인 ○○○○년 7월을 기준으로 하였음.

5. 공사비 산정은 공사에 소요된 인건비는 대한건설협회에서 조사 발표한 각 연도별 시중노임단가를, 자재의 단가는 해당기간의 물가정보 실수요자 가격을 적용하여 산정하였으며, 시공에 필요한 인력품의 산정은 대한건설협회에서 발간한 표준품셈에 의하였으나 공사 현장의 여건과 작업의 난이도에 따라 일부 조정하여 적용하였음.

6. 본 건 건물에 시공된 공사 중 일부 공사는 그 자재와 시공 상태 등을 고려하여 일부 평당 가격으로 공사비를 산정하였으며 공사비를 평당 가격으로 산정하는 방식은 대상 물건에 전기, 설비와 같이 매립되어 보이지 않는 부분과 시공에 고도의 전문성을 필요로 하여 시공공법과 시공기술에 따라 공사비 차이가 많이 나는 경우에 해당 시공부분의 시공된 수준과 목적, 공사기간, 현장의 상황, 시공에 소요된 자재의 종류 등을 고려하고 다른 시공사례들을 참작하여 해당 시공부분에 통상적으로 소요되리라 예상되는 공사비를 면적에 비례하여 간접적으로 산정하는 방식임.

7. 공사원가 계산에 있어 제경잡비 및 이윤의 산정은 각각의 공사가 소량 및 내부 마감공사인 점을 감안하여 20%를 일괄 적용하였음.

감정사항

<table>
<tr><td>1</td><td>도시가스 공사(건물 전체가 사용할 수 있도록 1층 및 지하에 설치)</td></tr>
<tr><td rowspan="2">설치여부</td><td>도시가스 계량기 6개를 포함하여 도시가스 배관이 각층에 설치되어 있음.</td></tr>
<tr><td></td></tr>
<tr><td>설치공사비
산정</td><td>계량기를 포함하여 도시가스 배관이 설치되어 있으므로, 이를 설치하는 데 소요되는 공사비를 산정함.</td></tr>
</table>

5	철골보강공사
설치여부	본 감정 사항의 철근보강공사는 철골보강공사를 지칭하는 것으로 판단되며, 이 철골보강공사는 하기 설계도면에서와 같이 2~4층을 연결하는 돌음계단을 설치할 때, 각 층의 콘크리트 슬래브를 철거하여야 하는데, 이럴 경우 슬래브 철거로 인한 구조물의 구조 강도가 저하될 수 있으므로 이를 보완하기 위해 일반적으로 H-Beam으로 보강함. 본 보강은 피파괴조사를 원칙으로 한 본 감정에서는 확인이 불가하나, 현재 건물의 형태와 제시된 설계도면 및 내역서를 기준으로 볼 때 일반적인 건축 통례를 적용한 것으로 보아, 설치된 것으로 판단됨(사진 및 설계도면 다음 참조).
설치 공사비 산정	현장 조사 시 정확한 보강 방법에 대해서는 확인이 불가하나, 제시된 설계도면 및 내역서를 기준으로 일반적인 건축 통례에 따라 보강 설치하는 데 소요되는 공사비와 본 공사는 대수선 허가를 득하여야 하는 공사이므로 관련 인허가 비용을 포함하여 산정함.
2층 평면도	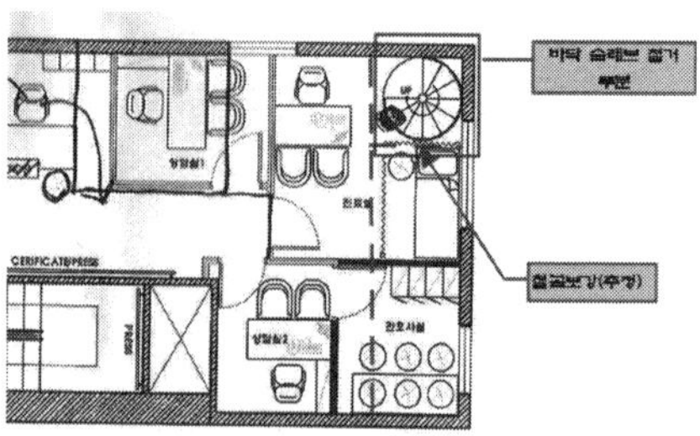
돌음계단 설치 부분	

3	계단 설치공사	
설치여부	상기 5항의 내부 돌음계단(기둥 ϕ150mm 수지도장 기둥 및 단수 14단)과 4층에서 옥탑층으로 통하는 옥외 철제계단(길이 약 4.2m)이 설치되어 있음.	

	내부 돌음계단	옥외 옥탑층 철제계단
설치공사비 산정	각 계단이 설치되어 있어 있으므로, 이를 설치하는 데 소요되는 공사비를 산정함	

4	계단 마감공사	
설치여부	1층~4층 주계단의 바닥마감은 폴리싱 타일, 벽과 천정은 도장 및 인테리어 마감이 설치되어 있음.	

	1층 계단 마감	1층 계단 마감

<table>
<tr><td>4</td><td colspan="2">계단 마감공사</td></tr>
<tr><td rowspan="2">설치여부</td><td></td><td></td></tr>
<tr><td>2층 계단 마감</td><td>3층 계단 마감</td></tr>
<tr><td>설치공사비
산정</td><td colspan="2">계단에 마감이 설치되어 있어 있으므로, 이를 설치하는 데 소요되는 공사비를 산정하였으나, 스테인리스 계단 난간은 기 설치되어 있었다고 하므로 공사비 산정에서는 제외함.</td></tr>
</table>

감정 사례 7

- 감정의 종류 : 도로 확장에 의한 건물절단 보수공사비 산정
- 의뢰처 : ○○감정평가사사무소
- 본 감정의 특이한 사항

본 감정은 택지사업지구 도로확장공사에 편입되어 절단 예정인 건물에 대해 잔존 건물의 구조적 안전성 및 건물의 기능적 적합 여부 검토와 철거되는 부분에 대한 보수공사비 및 잔여부분의 제 기능을 최대화하는 데 소요되는 공사비를 산정하는 감정이었다.

본 감정서는 보고서를 제출하는 감정이었으므로, 일반 보고서의 형식으로 작성되었다.

업무 개요

본 건은 토지개발공사에서 시행하는 '○○사업지구 도로확장공사' 에 편입된 ○○도 ○○시 ○○구 ○○동 ○○○ 번지 소재 철근콘크리트조 슬래브 지붕 지하1층 지상3층 연면적 1543.8㎡ 건축물에 대하여 도로에 수용되는 부분을 철거할 경우 나머지 잔존부분에 대하여

1. 잔존 건물의 구조적 안전성 및 건물의 기능적 적합 여부 검토
2. 철거되는 부분에 대한 보수 공사비 및 잔여부분의 제 기능을 최대화하는 데 소요되는 공사비

부분철거 및 보수공사의 방향

본 건 건물 중 철거부분은 철근콘크리트조 건물의 주요구조부인 전면 기둥 및 옹벽에 대한 절단 작업이 시도되는 공사로, 철거 작업에 있어서는 잔여 건물의 안전을 위해 그 보수공사의 범위가 필연적으로 크게 확대될 뿐만 아니라, 철거 전 보강 공사에 특별히 유의하여야 하며 철거공사 역시 철거작업 시 발생하는 진동이 잔여 건물에 미치는 영향을 최대한 고려하여 시행되어야 할 것으로 판단됨.

또한 본 건물의 경우 건물의 주계단과 화장실이 절단됨으로 인하여 각층의 내부구조의 변경이 수반되어야 하므로 이는 보수공사 규모를 가중시키는 요인으로 작용하고 있으며, 이에 따라 당초의 기능을 유지하기 위해서는 내부구조의 변경이 필연적으로 이루어져야 하며(별첨 변경 평면도 참조) 철거 및 보수 보강에 소요되는 공사기일은 공사의 진행방법, 투여인원, 작업자의 숙련도 등에 따라 차이가 있겠으나 통상적인 시공방법에 의할 경우 약 60일 정도 소요될 것으로 판단됨.

보수 공사비 산정에 대한 의견

1. 본 건 보수 공사비의 가격 시점은 현장 조사 시점인 ○○○○년 3월을 기준으로 산정한 것임.
2. 철거부분에 대한 기준은 제시된 '도로확장 계획도면' 을 기준으로 철거부분을 확정하였음.
3. 본 감정을 위한 변경 설계도면 작성 시 법규적용은 현행 ○○시 도시계획조례를 기준으로 하였음.
4. 본 감정은 비파괴조사를 원칙으로 하였으며, 현장에서 실측 가능한 부분은 실측하여 감정하였으나, 매립되어 있어 확인이 불가능한 자재(철근, 천정 내부, 벽체 내부 현황, 설비 배관 및 전기 배관 등)는 일반적 시공방법과 제시된 설계도면을 기준으로 산정하였음.
5. 본 건물 중 철거되는 부분은 계단, 화장실 등이므로 잔존 부분에는 계단과 화장실의 기능이 상실되므로 계단과 화장실의 기능을 확보할 수 있도록 기본 설계(변경 평면도 참조)를 하여 그 설계를 기준(공사 부위 평면도 참조)으로 보수 공사비를 산정함.
6. 마감재의 신설 시 동일한 실내에서는 재료의 균질성을 위하여 보수부위를 확대 적용하여 공사비를 산정하였으며(공사 부위 평면도 참조), 공사비 산정의 모든 재료는 기존의 마감재 수준을 기준으로 적용함.
7. 본 건물은 전면의 기둥이 절단되는바, 기둥 절단에 의한 지지공사와 신설 기둥에 대한 보강공사는 건축구조 기술사와 협의하여 지지공사와 보강공사의 방법 및 물량을 확정하고 공사비를 산정하였음.
8. 시공에 소요된 품의 산정은 대한건설협회에서 발간한 표준품셈을 적용하나, 본 건은 철거 및 보수 공사임을 감안하여 현장의 여건과 작업의 난이도에 따라 인력 품을 일부 조정하여 적용 가능한 공사비로 산정하였으며, 인건비는 대한건설협회에서 조사 발표한 각 년도별 시중노임단가를, 자재의 단가는 해당기간의 물가정보 실수요자 가격을 적용하여 산정하였음.
9. 공사원가 계산에 있어 제경잡비의 산출은 정부회계 원가계산제도인 '원가계산에 의한 예정가격작성준칙' 을 준용하여 산정하였음.

구조적 안전성 및 건물의 기능적 적합 여부 검토

1. 구조적 안전성 여부 검토

본 건물의 수용에 의한 기둥 철거부위 및 절단에 의해 철거되는 보는 다음 현황 설계도면과 같음.

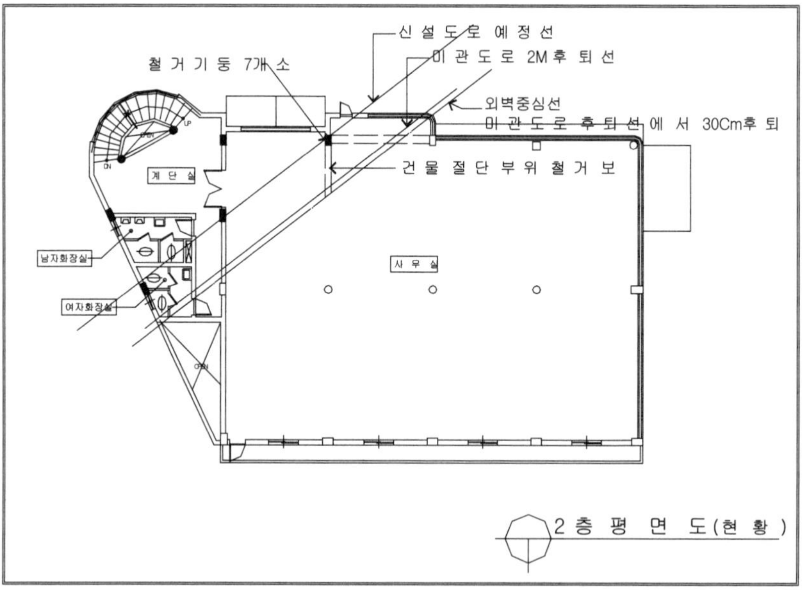

본 건물은 ○○○○년 신축되어 15년이 경과된 건물로 일반적인 철근콘크리트 건물의 경제적 내용연수가 45~55년인 것을 감안할 시 철근콘크리트 구조체의 안전성에는 문제가 없는 것으로 판단되어, 건축구조기술사와 협의하여 잔존부위에 아래 도시된 도면과 같이 2개의 신설 기둥과 신설 보로 보강공사를 하여 구조적으로 안전하게 사용이 가능하도록 변경 설계를 함.

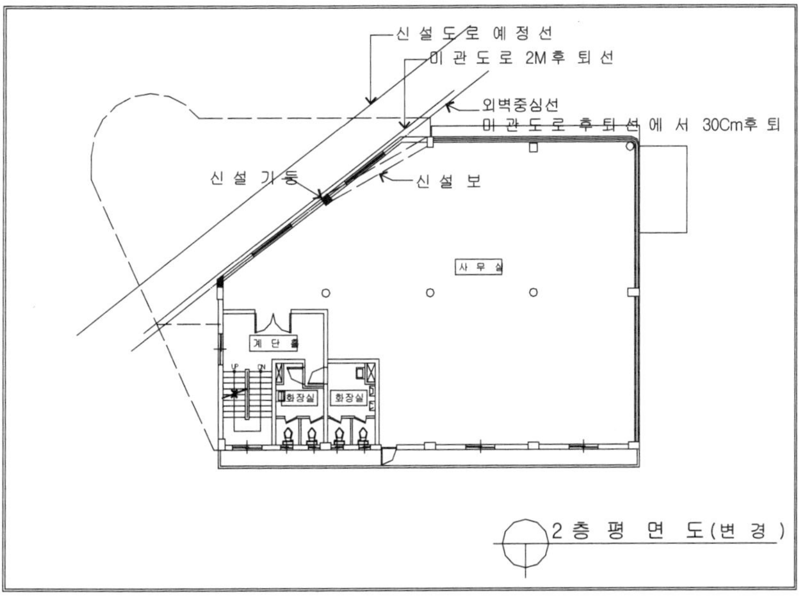

본 건물은 주요구조부인 기둥이 절단됨으로 강재 써포트로 보강 후 새로운 기둥을 신설하는 보강공사를 하여야하는 보수공사로 본 부위의 공사 시 다음과 같은 사항을 철저히 준수하여 공사를 한다면 본 건물은 구조적으로 안전하게 시공이 가능함.

2. 건물의 기능적 적합 여부 검토

1) 현황 및 변경 건물 설계개요 비교

<table>
<tr><th colspan="2"></th><th>현황 설계개요</th><th>변경 설계개요</th><th>비고</th></tr>
<tr><td colspan="2">지역, 지구</td><td colspan="2">제1종일반주거지역, 일반미관지구</td><td></td></tr>
<tr><td colspan="2">대지면적</td><td>677㎡</td><td>677㎡-121㎡=556㎡</td><td>수용면적 121㎡</td></tr>
<tr><td colspan="2">건축면적</td><td>385.95㎡</td><td>286.45㎡</td><td>감소면적
각층 99.5㎡</td></tr>
<tr><td rowspan="4">각층
면적</td><td>지하층</td><td>385.95㎡</td><td>286.45㎡</td><td></td></tr>
<tr><td>1층</td><td>385.95㎡</td><td>286.45㎡</td><td></td></tr>
<tr><td>2층</td><td>385.95㎡</td><td>286.45㎡</td><td></td></tr>
<tr><td>3층</td><td>385.95㎡</td><td>286.45㎡</td><td></td></tr>
<tr><td colspan="2">연면적</td><td>1,543.8㎡</td><td>1,145.8㎡</td><td>감소면적
398㎡</td></tr>
<tr><td colspan="2">건폐율</td><td>57.01%</td><td>51.5%</td><td>5.51% 감소</td></tr>
<tr><td colspan="2">용적율</td><td>171.03%</td><td>154.56%</td><td>16.47% 감소</td></tr>
</table>

2) 변경 설계의 내용

가. 건축선 적용

변경 설계는 현재의 '○○시 도시계획 조례'를 기준으로 하였으며, 신설 도로선에서 일반미관지구 건축선 2m 후퇴선을 적용하고, 신설외벽중심선은 시공성을 확보하기 위하여 일반미관지구 건축선 2m 후퇴선에서 30cm를 더 후퇴하여 적용함.

나. 계단실, 화장실 및 주출입구 신설 및 기타

본 건물은 수용되는 부분에 계단실, 화장실 및 주출입구가 포함되어 별첨 변경 각층 평면도와 같이 변경함.

- 주출입구 : 신설도로와 접하게 되는 현재의 주출입구 위치에 폭 3.6m의 주출입구를 신설
- 계단 : 주출입구와 접하는 건물의 남서 측에 폭 2.7m 신설하고 계단의 콘크리트 구조물을 지지하도록 계단 양측에 옹벽을 설치함.
- 화장실 : 현재와 동일하도록 남여 화장실을 구분하여 신설하고 현재와 동일한 갯수의 위생기가 설치되도록 함.
- 기타 : 옥탑부 수용에 의한 계단실 및 물탱크실 신설

3) 건물의 기능적 적합 여부 검토

대지 수용에 의해 잔존하는 건물의 규모가 현재의 건물보다 건폐율 5.51%, 용적율 16.47% 감소하므로 대지의 면적에 비례하여 건물의 효율적 사용 측면에서 최유효 이용상태가 아니며, 각층에서 사용하는 전용면적의 감소가 인정되나, 잔존하는 부분의 각층 면적이 286.45㎡로 일반적인 건축 통념상 건축물의 구성 면적에는 부족함이 없다고 판단되어, 별첨 변경 설계도면과 같이 계단, 화장실 및 외벽 등을 신설하고, 이에 따라 외벽 및 내부의 일부 마감 교체 및 설비, 전기 배관, 배선을 교체하면 건물의 기능을 유지하는 데는 지장이 없는 것으로 판단됨.

잔여건물 보수공사비 산정

1) 보수공사비 산정

잔여건물 보수공사비 : 일금 ₩303,174,000원정

천원미만 절사 및 부가가치세 별도

감정 사례 8

- 감정의 종류 : 도로 확장에 의한 건물절단 보수공사비 산정
- 의뢰처 : ○○ 감정평가사사무소
- 본 감정의 특이한 사항

본 감정은 도로확장공사에 편입되어 절단 예정인 건물에 대해 잔존 건물의 구조적 안전성 및 건물의 기능적 적합 여부 검토와 철거되는 부분에 대한 보수공사비 및 잔여부분의 제 기능을 최대화하는데 소요되는 공사비를 산정하는 감정이었다.

본 감정서는 보고서를 제출하는 감정이었으므로, 일반 보고서의 형식으로 작성되었다.

업무 개요

본 건은 00구청에서 시행하는 '00동 300의2 ~ 337의3간 도로확장공사'를 위한 지장물 철거에 편입되는 00시 00구 00동 000번지 소재 시멘트벽돌조(외부마감: 본타일도장 마감) 슬래브지붕 지상2층 주택(2세대) 건축물에 대하여 도로에 편입되는 부분을 철거할 경우 나머지 잔존부분에 대한 보수공사비 및 효용 상실 부분을 최소화하는데 소요되는 공사비를 산정함.

부분철거 및 보수공사의 방향

본 건의 주택은 현장 조사 결과 특별한 구조적 결함은 발견되지 않았으나, 철거부분은 시멘트벽돌조 건물의 주요구조부인 조적벽체에 대한 절단 작업이 시도되는 공사이므로 철거 작업에 있어서는 잔여 건물의 안전을 위해 그 보수공사의 범위가 필연적으로 크게 확대될 뿐만 아니라 철거 전 보강 공사에 특별히 유의하여야 하며 철거작업 시 발생하는 진동이 잔여 건물에 미치는 영향을 최대한 고려하여 시행되어야 할 것으로 판단됨.

- 이하 일부 중략 -

잔여건물의 보수공사비

잔여건물의 보수공사비 : ₩28,426,000-

1. 공사비 산정 기준일 : 수용재결일 시점 ○○○○년 3월
2. VAT 별도 및 천원미만 절사

보수공사비 산정에 대한 의견

1. 본 목적물 주택에 대하여 철거되는 부분을 제외한 나머지 잔존부분을 종래의 목적대로 사용할 수 있도록 그 유용성을 동일하게 유지하는데 통상 필요하다고 볼 수 있는 공사에 소요되는 비용을 수용재결일 시점인 ○○○○년 3월을 기준으로, 그 상실부분을 최소화하는데 필요한 보수 공사비를 산정하였음.

2. 본 공사비 산정에서 도로 절단선에 대한 위치는 제시된 측량성과도 기준으로, 목적물을 현장 실측한 근거로 현황 평면도(별첨 설계도면참조)를 작성하여 이를 기준으로 산정하였음.

3. 본 공사비 산정은 비파괴조사를 원칙으로 하였으며, 현장에서 실측 가능한 부분은 실측하여 감정하였으나, 매립되어 있어 확인이 불가능한 자재(철근, 천정 내부, 벽체 내부 현황, 설비 배관 및 전기 배관 등)는 일반적 시공방법과 제시된 설계도면을 기준으로 산정하였음.

4. 본 건물 중 철거되는 부분은 계단, 화장실 및 주방 일부 등으로 잔존 부분에서 계단과 화장실의 기능이 상실되므로 계단과 화장실의 기능을 확보할 수 있도록 기본 설계(별첨 변경 평면도 참조)를 하여 그 설계를 기준으로 보수 공사비를 산정하였음.

5. 마감재의 신설 시 동일한 실내에서는 재료의 균질성을 위하여 보수부위를 확대 적용하여 공사비를 산정하였으며, 공사비 산정의 모든 재료는 기존의 마감재 수준을 기준으로 하였음.

6. 본 건물은 동측의 주요구조부인 내력벽 부분이 절단되는바, 이에 대한 지지 및 보강공사는 본 건 건물에 적용되리라 예상되는 통상적인 지지 및 보강공사의 방법 및 물량을 기준으로 공사비를 산정하였음.

7. 시공에 소요된 품의 산정은 대한건설협회에서 발간한 표준품셈을 적용하나, 본 건은 소량의 철거 및 보수 공사임을 감안하여 현장의 여건과 작업의 난이도에 따라 인력 품을 일부 조정하여 적용하였으며, 인건비는 대한건설협회에서 조사 발표한 각 년도별 시중노임단가를, 자재의 단가는 감정 시점인 ○○○○년 2월에 수용재결일인 ○○○○년 3월 자재 단가의 파악이 불가하여, ○○○○년 1월과 2월의 물가정보 실수요자 가격을 비교 검토하여 적절하다고 판단되는 단가를 추정 적용하여 산정하였음.

8. 공사원가 계산에 있어 제경비는 소량의 철거 및 보수공사인 점을 감안하여 적정이윤을 포함하여 15%를 일괄 적용하였음.

보수공사 범위

변경 후 평면도(별첨 참조)를 기준으로 주요한 공사 범위를 보면 다음과 같음.

1. 철거공사

기존의 철근과 신설 철근을 긴결하여 철근콘크리트의 구조적 안전성을 확보하기 위해 절단선에서 철근의 유효 긴결 길이만큼 후퇴하여 철근콘크리트 보, 스라브 철거하고, 이에 따른 조적벽 및 마감재의 철거.

2. 보강공사

주요구조부인 조적 내력벽이 일부 철거되므로 잔존건물의 보수공사 기간 중 건물의 하중을 견디기 위한 H-Beam과 강제 써포트에 의한 부대 보강.

3. 내부 구조 변경

- 1층 화장실은 동측이 사선으로 절단되어 화장실의 기능을 수행하기에는 무리가 있어 화장실과 현황의 다용도실을 통합하여 화장실의 기능을 확보하도록 하였음.
- 2층용 계단은 계단 시작부위에서 3단 절단됨으로 인하여 계단의 기능이 상실되므로, 2층용 계단 구조체를 철거하고, 계단을 재설치하여 계단의 기능을 확보하도록 하였음.
- 2층 화장실은 동측이 사선으로 절단되어 화장실의 기능을 수행하기에는 무리가 있어 화장실을 구조 변경하여 화장실의 기능을 확보하도록 하였음.
- 주방의 동측 벽체가 사선으로 철거되어 주방으로써의 기능이 최유효 상태로 유지되기는 어려우나, 철거부의 위치와 면적을 고려할 시 주방으로써 최소한의 기능은 발휘할 수 있다고 판단하여 철거에 의한 변경 외에 별도의 구조변경은 적용하지 않았음.
- 현재 1층 화장실 하부에 정화조가 매립되어 있는 것은 확인되나, 매립된 상태

에서 정화조의 위치, 규모와 재질 등의 파악이 불가하여 도로확장으로 인한 절단선에 저촉여부는 불분명하나, 현재의 상황과 정화조의 크기 등을 고려할 시 도로확장을 위한 절단선에 저촉된다고 판단하여 본 주택에 통상적으로 사용되리라 판단되는 규모의 정화조 재설치 공사를 적용하였음.

- 현황 설계도면 및 변경 후 설계도면은 생략함. -

감정 사례 9

- 감정의 종류 : 현존가치 산정(유익비)을 위한 공종별 공사비 산정
- 의뢰처 : ○○ 감정평가사사무소
- 본 감정의 특이한 사항

현존가치(유익비) 산정을 위한 공정별 공사비 산정 감정이었으므로, 각 공정의 공사비 산정 시 공사비의 감가수정이 불가능한 공종인 가설 및 철거공사비는 공사 당시 감가수정이 가능한 공종을 위해 공사비가 투입되었을 것으로 보아, 가설 및 철거공사비는 감가수정이 가능한 공종의 공사비의 비율로 산정하여 감가수정이 가능한 공사비에 포함하여 각 공종의 공사비를 산정하였던 감정이었다.

감정보고서

1. 감정의뢰인 : ㅇㅇ감정평가사사무소

2. 감정 목적 : 서울ㅇㅇ법원 제ㅇㅇ민사부 제출용

3. 감정 목적물 : 서울 ㅇㅇ구 ㅇㅇ동 ㅇㅇㅇ번지 ㅇㅇ빌딩 지하1층 소재 음식점 인테리어 공사 부분

4. 감정 사항 : 이 사건 건물 부분 ㅇㅇㅇㅇ년 9월 당시 기준으로 인테리어 공사 부분의 현존가치 산정을 위한 공사비 산정

감정 결과

총 공사비	84,454,000원	
공 종 별	공사비	비고
1. 조적 및 바닥조성공사	6,716,000원	
2. 목공사	16,733,000원	
3. 타일 및 방수공사	9,560,000원	
4. 창호, 유리 및 금속공사	6,248,000원	
5. 수장공사	14,101,000원	
6. 붙박이가구공사	3,776,000원	
7. 설비공사	14,435,000원	
8. 전기공사	12,885,000원	
[공사비 합계]	84,454,000원	
1) 각 공사비는 부가가치세 별도임.		
2) 각 공종별 공사비는 천원미만 절사 금액임.		

공사비 산정에 대한 의견

1. 본 감정의 목적은 ○○시 ○○구 ○○동 ○○○번지 ○○빌딩 지하1층 소재 음식점에 인테리어 공사에 대한 현존가치 산정을 위한 공사비용 산정으로, 현장에 임하여 시공되었는지 여부, 현존해 있는 상태, 규모의 측정 등 물건을 확인한 후 현장에서 실측하여 작성한 설계도면을 기준으로 공사비를 산정하였음.

2. 본 감정 목적물의 인테리어 공사부분은 공사 전 본 감정 부분이 라이브 퓨전 음식점으로 사용하던 상황에서, 일부분은 과거 음식점에서 사용하던 것을 철거하지 않고 그대로 존치한 상태에서 현재의 음식점 형태로 변경하였다는 피고(반소)측 주장이므로, 본 감정에서는 피고(반소)측 의견을 참조하여 ○○○○년 2월 당시에 새로이 공사한 부분을 확정해 보면 다음과 같음.

1) 엘리베이터 홀 바닥 및 벽 타일 공사 와 창호교체, 방화셔터 공사

2) 1층 현관 기와공사 및 창호공사

3) 내부 온돌마루 설치를 위한 바닥조성공사

4) 주방 바닥 및 벽체 타일공사(천정 및 급배수, 환기시설 기존 사용)

- 중략 -

9) 공사와 관련된 철거공사 일체

3. 피고(반소) 측 주장을 기준으로 ○○○○년 2월 당시의 공사 부분을 확정하여 감정하였으나, 당시 공사 부분이 명확하지 않은 부분이 있어 일반적인 건축 통례를 기준으로 추정하여 확정하였으나, 본 감정인이 추정한 건축구성과 다른 것으로 확인되면 본 감정의 결과는 변경될 수 있음.

4. 본 감정은 인테리어 공사비를 산정하는 감정이므로, 본 건물에 고착된 시설에 한하여 그 시설을 설치하는데 소요되는 공사비를 산정하였으며, 에어컨 혹은 싱크대 등과 같이 이동이 가능한 시설에 관한 설치비는 본 감정에서 제외하였음.

5. 공사비 산정기준시점은 감정 신청에 의거하여 ○○○○년 9월을 기준으로 하

였음.

6. 본 공사비 산정 감정의 목적은 현존가치 산정이므로, 각 공정의 공사비 산정 시 공사비의 감가수정이 불가능한 공종인 가설 및 철거공사비는 공사 당시 감가수정이 가능한 공종을 위해 공사비가 투입되었을 것으로 보아, 가설 및 철거공사비는 감가수정이 가능한 공종의 공사비의 비율로 산정하여 감가수정이 가능한 공사비에 포함하여 각 공종의 공사비를 산정하였음.

7. 현장 조사는 비파괴조사를 원칙으로 하였으며, 은폐 또는 매몰되어 그 구성을 식별할 수 없는 부분(구조, 설비, 전기 등)은 제시된 내역서 등과 일반적인 건축구성 통례에 따라 감정하였으나, 만약 은폐 또는 매몰된 부분이 본 감정인이 추정한 건축 구성과 다른 것으로 확인되면 본 감정의 결과는 변경될 수 있음.

8. 공사비 산정은 공사에 소요된 인건비는 대한건설협회에서 조사 발표한 각 년도별 시중노임단가를, 자재의 단가는 해당기간의 물가정보 실수요자 가격을 적용하여 산정하였으며, 시공에 필요한 인력품의 산정은 대한건설협회에서 발간한 표준품셈에 의하였으나 공사 현장의 여건과 작업의 난이도에 따라 일부 조정하여 적용하였음.

9. 본 건 건물에 시공된 공사 중 일부 공사는 그 자재와 시공 상태 등을 고려하여 일부 평당 가격으로 공사비를 산정하였으며 공사비를 평당 가격으로 산정하는 방식은 대상 물건에 전기, 설비와 같이 매립되어 보이지 않는 부분과 시공에 고도의 전문성을 필요로 하여 시공공법과 시공기술에 따라 공사비 차이가 많이 나는 경우에 해당 시공부분의 시공된 수준과 목적, 공사기간, 현장의 상황, 시공에 소요된 자재의 종류 등을 고려하고 다른 시공사례들을 참작하여 해당 시공부분에 통상적으로 소요되리라 예상되는 공사비를 면적에 비례하여 간접적으로 산정하는 방식임.

10. 공사원가 계산에 있어 제경잡비 및 이윤의 산정은 내부 마감 인테리어공사인 점을 감안하여 15%를 일괄 적용하였음.

감정 사례 10

- 감정의 종류 : 철거 및 원상복구 공사비 산정
- 의뢰처 : ○○ 감정평가사사무소
- 본 감정의 특이한 사항

원고의 건물 전체에 학원이 학원에 맞추어진 인테리어 공사를 하고 입주하여 사용하다가 계약기간이 만료되어 퇴거하였다. 그러나 입주 계약 당시 퇴서 시 인테리어 시설을 원상보구하여야 한다고 계약되어 있었으나, 학원 용도의 인테리어 시설을 철거하지 않고 퇴거하여, 건물주 측에서 인테리어 시설 철거 및 원상복구 공사비를 의뢰한 감정이었다.

감정보고서

1. 감정의뢰인 : ㅇㅇ감정평가사무소 귀중

(서울ㅇㅇ지방법원 제ㅇㅇ민사부 귀중)

2. 감정 목적 : 건물명도

3. 감정 목적물 : 서울시 ㅇㅇ구 ㅇㅇ동 ㅇㅇㅇ 번지 ㅇㅇ빌딩

내부 시설물 및 인테리어

4. 감정 사항 : 1. 서울 ㅇㅇ구 ㅇㅇ동 ㅇㅇㅇ 번지 ㅇㅇ 빌딩 건물 지하2층 내지 7층에 대하여 임차인인 ㅇㅇ학원이 기존에 설치하였던 인테리어 등 시설물을 철거하고 원상회복하는 데 소요되는 비용

2. 철거 및 원상회복에 필요한 공사기간

감정 결과

1. 철거 및 원상회복 공사비 : ₩138,992,000원 (천원미만 절사 및 V.A.T별도)

기호	항 목	공 사 비(원)
1	가설공사	₩3,413,000-
2	철거공사	₩37,490,000-
3	바닥마감공사 (아스타일)	₩21,238,000-
4	도장공사	₩4,115,000-
5	천정재공사 (석고텍스)	₩31,298,000-
6	타일 및 방수공사	₩478,000-
7	기타공사(난간, 창호, 유리, 화장실 벽체보수)	₩4,579,000-
8	조명공사	₩32,210,000-
9	위생기 및 화장실 부속기구공사	₩2,700,000-
10	창호썬팅 철거공사	₩1,471,000-
합 계		₩138,992,000-

2. 총 공사기간 : 40일(후면 공사기간표 참조)

철거 및 원상회복 공사비 산정에 대한 의견

1. 공사비 산정 기준일은 감정 개시 시점인 ○○○○년 1월임.

2. 본 감정 목적물에 대한 철거 및 복구공사의 위치 및 범위는 현장에서 원고가 지적한 사항에 근거하여 이동이 가능한 기구, 비품 및 집기류를 제외하고, 건물에 고착된 자재를 철거하고, 원상복구하는 데 소요되는 공사비를 산정한 것임.

3. 공사량의 산정은 제시된 설계도면을 기준으로 현장에 임하여 실측에 의거 산출하되 매입되어 있는 부분 중 현장 여건상 철거하여야만 확인이 가능한 부분은 일반적인 시공방법에 준하여 철거 및 복구한 것으로 상정하여 산출하였음.

4. 철거비는 현존하는 형태 및 마감재를 기준으로, 원상회복 공사비는 종전의 상태를 기준으로 함을 원칙으로 하되, 불분명한 공종은 일반적인 건축 통례의 형태 및 마감재를 기준으로 산정함.

5. 본 건 건물에 시공된 철거 및 복구공사 중 대상 물건에 설비 등과 같이 매립되어 보이지 않는 부분과 시공에 고도의 전문성을 필요로 하여 시공공법과 시공기술에 따라 현저한 공사비 차이가 많이 나는 경우는 다른 시공사례들을 참작하여 해당 시공부분에 통상적으로 소요되리라 예상되는 단위면적의 공사비를 적용하는 간접법에 의거 산정하였음.

6. 본 감정 목적의 보수 공사량 산정은 마감재의 균일성을 기하기 위하여 도장 등 마감재는 내부 구획부분을 단위로 산정하였음.

7. 시공에 소요된 인건비는 대한건설협회에서 조사 발표한 각 연도별 시중 노임단가를, 자재 단가는 해당기간의 물가정보 실수요자 가격을 적용하여 산정하였으며, 시공에 필요한 인력품의 산정은 대한건설협회에서 발간한 표준품셈에 의하였으나 본 공사가 인테리어 공사인 점을 감안하여 공사 현장의 여건과 작업의 난이도에 따라 일부 조정하여 적용하였음.

8. 공사원가 계산에 있어 실내장식공사인 점을 고려하여 제경비는 15%를 일괄 적용하였음.

감정 사례 11

- 감정의 종류 : 철거 및 원상복구 공사비 산정
- 의뢰처 : ○○지방법원 ○○지원
- 본 감정의 특이한 사항

본 감정은 건축주가 불법 무단증축을 한 부분을 분양자에게 알리지 않고 적법부분과 동일한 분양가를 적용하여 분양하여, 차후 그 사실을 확인한 분양자가 건축주에게 부당이득금 반환 청구소송을 한 사건이다.

본 감정은 불법 무단증축을 확정하고, 이 부분을 철거 및 원상복구 공사비를 산정한 감정이었다.

감정보고서

본 감정을 수행하기 위하여 ○○○○년 10월 12일 현장검증에 임하여 재판장이 지시한 사항에 따라 물건을 확인함과 동시에 제반 자료를 수집한 후 신의와 성실에 좇아 공정하게 작성하였음으로 서명 날인함.

鑑 定 人

1. 사건번호 : ○○○○가합 ○○○○호(원고 : ○○○)
(피고 : ○○○)
2. 감정 목적 : 부당이득금
3. 감정 목적물 : ○○도 ○○시 ○○동 ○○○ 번지 위 지상
철근콘크리트조 지하1층, 지상5층, 근린생활시설 및 다가구 주택 중 지상 5층 502호
4. 감정 사항

① 위 감정 목적물에 대하여 불법증축한 부분이 어디인지, 불법증축한 부분의 면적, 구조 등

② 불법증축한 부분의 철거 및 원상복구 비용

감정 결과

1. 감정 목적물의 불법증축 부분 및 면적, 구조 등

1-1. 감정 목적물의 불법증축 부분(감정 사항 1. 감정 목적물의 불법증축 부분 참조)

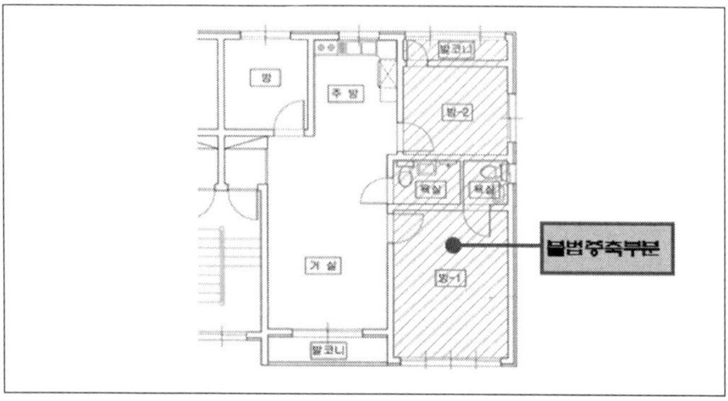

1-2. 감정 목적물의 불법증축 부분 면적(감정 사항 4-1-2항 참조)

위 치	면 적
실내부분(방-1, 2 및 욕실 2개소)	32.41㎡
발코니	2.81㎡
불법증축 부분 면적	35.22㎡

1-3. 감정 목적물의 불법증축 부분 구조(감정 사항 4-1-3항 참조)

위 치	구 조
지 붕	경량철골천정틀 위 샌드위치 판넬(추정), 아스팔트싱글 마감
외 벽	시멘트벽돌(발코니 난간 상부 : 추정), 외부 드라이비트 마감
내 벽	시멘트벽돌(추정), 내부 마감

2. 불법증축한 부분의 철거 및 원상복구 비용

철거 및 원상복구 비용 : ₩ 16,561,000 -

(천원미만 절사 및 VAT 별도)

철거 및 원상복구 공사비 산정에 대한 의견

1. 공사량의 산정은 제시된 설계도면과 현장에 임하여 실측에 의거 산출하였으며, 공사비 산정기준시점은 재판장의 명에 의거 ○○○○년 4월을 기준으로 하였음.

2. 현장 조사는 비파괴조사를 원칙으로 하였으며, 벽체의 구조, 지붕틀의 구조 및 설비, 전기 등과 같이 은폐 또는 매몰되어 그 구성을 식별할 수 없는 부분은 일반적인 건축구성 통례에 따라 추정하여 감정한 것으로, 만약 은폐 또는 매몰된 부분이 본 감정인이 추정한 건축구성과 다른 것으로 확인되면 본 감정 결과는 수정될 수 있음.

3. 본 감정 목적물의 보수로 인한 마감재의 훼손에 따른 원상복구 공사량을 산정함에 있어 마감재의 균일성을 기하기 위하여 도장 및 도배 등은 내부 구획부분을 단위로 산정하였음.

4. 시공에 소요된 품의 산정은 표준품셈에 의하였고, 인건비는 대한건설협회에서 조사 발표한 각 연도별 시중 노임단가를, 자재 단가는 해당기간의 물가정보 실수요자 가격을 적용하여 산정하였으나, 공사 현장의 여건과 작업의 난이도 및 소량의 보수공사인 점을 감안하여 공종에 따라 일부 조정하여 적용하였음.

5. 공사원가 계산에 있어 제경잡비의 산출은 소규모의 철거 및 보수공사인 점을 감안하여 이윤을 포함하여 15%를 적용하였음.

감정사항

감정 목적물의 불법증축 부분 및 면적, 구조 등

1. 감정 목적물의 불법증축 부분

본 감정 목적물의 불법증축 부분을 확인하기 위하여 제시된 '집합건축물대장 건축물 현황도'(별첨도면 A-01 참조)와 현장에서 실측하여 작성한 현황 평면도(별첨도면 A-02 참조)를 비교하여 보면 다음과 같음.

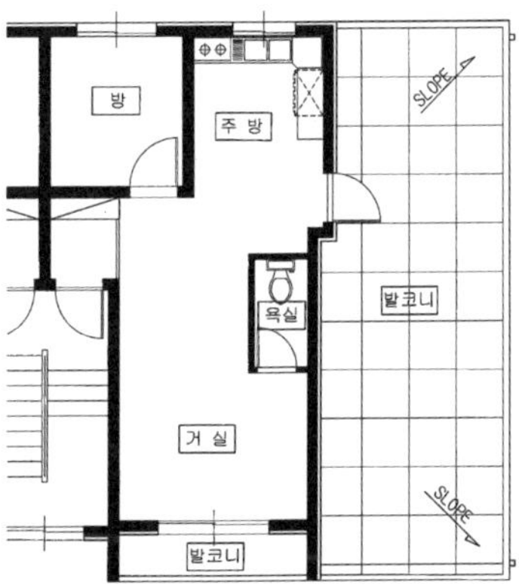

건축물 현황도 상 평면도

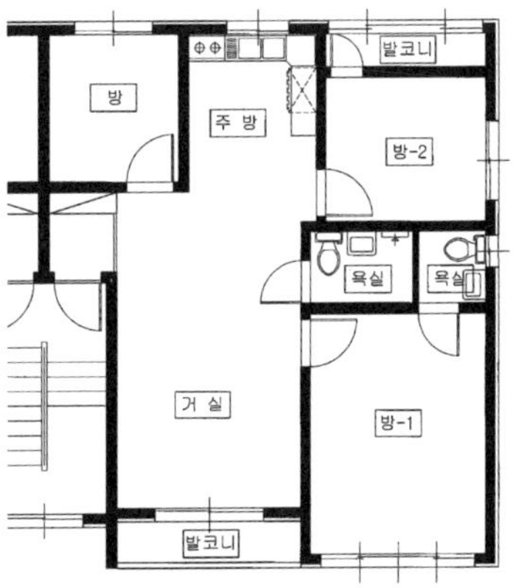

현황 평면도

상기 도면에서와 같이 본 감정 목적물의 불법증축 부분은 본 건물 북측부에 위치한 방-1, 2와 욕실 2개소 및 발코니 부분으로 확인되며, 그 부분은 다음과 같음.

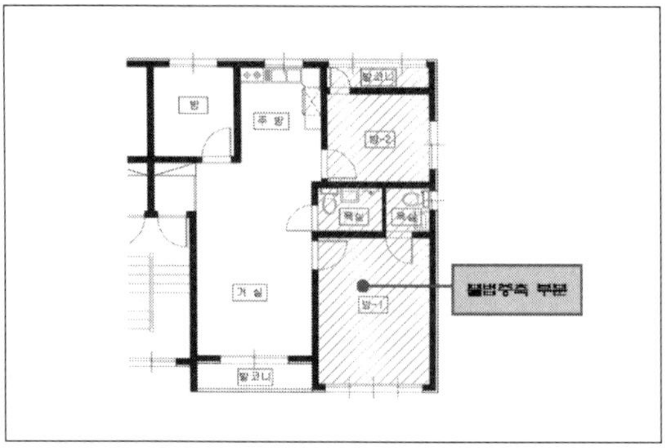

2. 불법증축 부분의 면적

일반적으로 바닥면적 산정 시 발코니 부분은 제하고 산정하나, 본 감정에서는 불법증축 부분 면적 산정이므로 실내부분과 발코니의 면적을 각각 산정하여 합산하였음.

불법증축 부분의 면적 산정		
위 치	산 식	면 적 (㎡)
실내부분	3.6X(5.4+0.9)+2.95X3.3	32.41
발코니	0.85X3.3	2.81
불법증축 부분 면적		35.22㎡
*상기 실내부분은 방-1, 2와 욕실 2개소 부분임.		

3. 불법증축 부분의 구조

본 감정 목적물의 불법증축 부분의 구조를 확인함에 있어, 본 감정 목적물의 구조는 마감재료로 마감이되어 있어 정확한 구조 재료의 파악은 불가하여, 일반적인 건축 통례에 따라 추정하여 보면 다음 도면과 같음(별첨도면 A-04 참조).

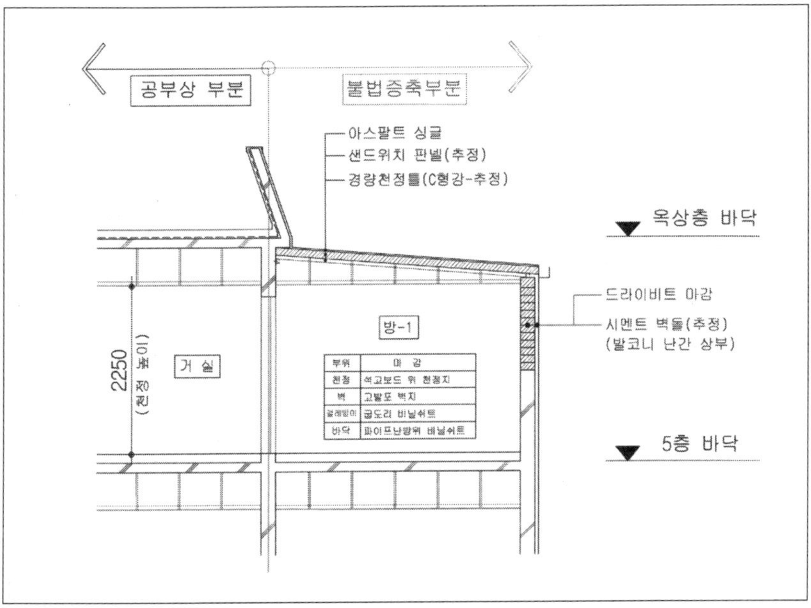

상기 도면을 기준으로 불법증축 부분의 구조를 보면 다음과 같음.

위치	구 조
지 붕	경량철골천정틀 위 샌드위치 판넬(추정), 아스팔트싱글 마감
외 벽	시멘트벽돌(발코니 난간 상부 : 추정), 외부 드라이비트 마감
내 벽	시멘트벽돌(추정), 내부 마감

불법증축한 부분의 철거 및 원상복구 비용

1. 철거비 산정

철거비 산정에 있어 본 철거부분은 다세대주택으로 현재 하부층(1~4층) 세대에 주거를 하고 있는 상황에서, 기계를 사용한 철거는 불가능할 것으로 보아, 이에 따른 가설공사와 인력 위주의 철거를 하는 것으로 보아 산정하였으며, 철거부분의 공사범위는 다음과 같음(별첨도면 A-03 철거 및 원상복구 평면도 및 A-05 철거 및 원상복구 단면도 참조)

1) 지붕재 철거 : 경량철골천정틀, 샌드위치 판넬 및 아스팔트 싱글 철거

2) 외벽 철거 : 발코니 난간대 상부 시멘트 벽돌 및 드라이비트 철거

3) 내벽 철거 : 내부 칸막이 시멘트 벽돌 철거

4) 내부 마감 철거

5) 창 및 문 철거

6) 바닥 철거 : 파이프 난방용 바닥재 철거

7) 위생 파이프 철거 : 욕실 철거에 따른 배관 철거를 위하여 402호 욕실 천정 철거 후 천정재 원상복구

8) 욕실 신설을 위한 마감 철거 : 건축물 현황도 상의 욕실 설치를 위하여, 거실 해당부분의 파이프 난방 바닥재, 기타 마감 철거

2. 원상복구비 산정

원상복구비 산정에 있어 공사범위는 다음과 같음(별첨도면 A-03 철거 및 원상복구 평면도 및 A-05 철거 및 원상복구 단면도 참조).

1) 발코니 부분 : 발코니에 액체 방수 및 보호모르타르르로 시공하고, 바닥에 옥상용 드레인을 설치함.

2) 발코니 난간 벽 : 방수층 및 수성페인트로 마감함.

3) 외벽 마감 : 철거 후 외벽(발코니와 거실 사이벽)에 드라이비트 마감 및 옥상층

부분 마감 정리.

4) 욕실 신설 : 욕실 벽체는 시멘트 벽돌 쌓기 후 욕실 내부 마감

5) 거실 마감 : 욕실 신설에 의해 내부 마감 및 난방 파이프 등이 훼손되었으므로 이에 대한 원상복구 마감.

6) 문 변경 : 방-1 및 욕실 문은 철거하고, 그 부분을 시멘트 벽돌 쌓기 후 실내 마감을 하고, 방-2 문은 외부에 면하므로 현재의 목재문을 철거하고 철재문으로 교체함.

감정 사례 12

- 감정의 종류 : 이전설치 공사비 산정 감정
- 의뢰처 : ○○지방법원 ○○지원
- 본 감정의 특이한 사항

본 감정은 아파트 조합측이 건설사를 상대로 손해배상을 청구한 사건으로, 건설사는 미관도로의 2m 후퇴 규정을 적용하지 않은 상태에서 도로 경계선에 방음벽을 설치하였다.

아파트에 입주자가 입주 후 약 1년이 경과하여 해당 지자체는 이를 발견하고 아파트에 해당 방음벽이 법에 저촉되므로 이전 설치할 것과 일정 금액의 강제이행금을 통보하였다.

입주자는 건설사를 상대로 이 현재 불법 시설물인 방음벽을 도로선에서 2m 후퇴한 위치에 이전 설치할 것을 내용으로 손해배상 청구 소송을 하였으며, 필자는 그 방음벽을 현행 관련법에 적법하도록 이전 설치하는 공사비를 산정한 감정이었다.

감정보고서

본 감정을 수행하기 위하여 재판장이 지시한 항목에 따라 물건을 확인함과 동시에 제반 자료를 수집한 후 신의와 성실에 좇아 공정하게 작성하였음으로 서명 날인함.

鑑 定 人

1. 사건번호 : ○○○○가합 ○○○○호(원고 : 000 외 218명)

   (피고 : ○○건설주식회사 외 2명)

2. 감정 목적 : 아파트 시공하자에 따른 손해배상 등

3. 감정 목적물 : ○○시 ○○구 ○○동 ○○○ 번지 외 2필지

   소재 아파트 내 방음벽 일부

4. 감정 사항 : 감정 목적물에 설치된 방음벽(285m) 중 일부구간(172.5m)에 대하여 방음벽 철거비용 및 지정선에 맞추어 2m 후퇴하여 설치할 경우 방음벽을 설치하는 데 드는 비용

감정 결과

방음벽 이전 설치비		175,947,000원
공 종 별	공 사 비	비고
1. 가설공사	11,785,856원	
2. 토공사 및 콘크리트철거공사	20,557,384원	
3. 철근콘크리트공사	66,619,431원	
4. 방음벽 이전설치공사	47,872,697원	
5. 조경공사	16,438,320원	
6. 기타공사	12,673,325원	
[공사비 합계]	175,947,012원	
1) 각 공사비는 부가가치세 별도임.		
2) 총 공사비는 천원미만 절사 금액임.		

감정 의견 및 공사비 산정에 대한 의견

1. 본 감정은 본 목적물 동측도로 35m 도로에 면한 방음벽(172.5m)을 적법하도록 아파트 측으로 2m 후퇴하여 이전 설치하는 데 소요되는 공사비 산정으로, 공사비 산정 기준 시점은 재판장의 명에 의거하여 감정시점인 ○○○○년 5월을 기준으로 하였음.

2. 본 방음벽 이전 설치에 있어 현황을 최대한 활용하여 이전 가능 자재는 이전 노무비와 이전 시 추가 발생되는 잡자재비에 대해서 산정하였으며, 기존 옹벽 및 기초 등 구조물은 구조, 기능상 필요 부위만을 파취하는 공법 및 현행법규에 적법한 방음벽을 설치하는 이전 방안을 확정하여 이를 기준으로 이전설치비를 산정하였음.

3. 본 공사량 산정에 있어 현장에 임하여 실측 가능한 부분은 실측에 의한 실측 도면에 의거하여 산정하였으나, 은폐 또는 매몰되어 그 구성을 식별할 수 없는 부분(철근, 기초의 형태, 매립배관 등)은 (주)○○건축사사무소에서 ○○○○년1월 작성한 '방음벽전개도' 및 ○○건설(주) ○○아파트 현장에서 ○○시 ○○구청에 ○○○○년 10월에 제출한 '○○동 ○○아파트 동측 방음벽 이설공사 공사이행계획서'를 참조하고 일반적 시공방법과 비교, 검토하여 건축구성 통례에 따라 추정하여 감정한 것으로, 만약 은폐 또는 매몰된 부분이 본 감정인이 추정한 건축구성과 다른 것으로 확인되면 본 감정 결과는 수정될 수 있음.

4. 시공에 소요된 품의 산정은 표준품셈에 의하였고, 인건비는 대한건설협회에서 조사 발표한 각 연도별 시중 노임단가를, 자재 단가는 해당기간의 물가정보 실수요자 가격을 적용하여 산정하였으나, 공사 현장의 여건과 작업의 난이도 및 이전설치공사인 점을 감안하여 공종에 따라 일부 조정하여 적용하였음.

5. 공사원가 계산에 있어 제경비는 이전설치공사인 점을 감안하여 적정이윤을 포함하여 15%를 일괄 적용하였음.

감정사항

감정 목적물 현황

1. ㅇㅇ아파트 현황

1) 소재지 : ㅇㅇ시 ㅇㅇ구 ㅇㅇ동 ㅇㅇㅇ 번지

2) 대지면적 : ㅇㅇ,ㅇㅇㅇ.ㅇㅇ㎡

3) 지역, 지구 : 일반주거지역, 미관지구

4) 규모 및 구조 : 철근콘크리트조

지하2층, 지상 25층 18개동 아파트 외 부대시설

5) 도로 현황 : 동측 35m 미관도로, 기타 측 ○M 삼면 간선도로

2. 방음벽 현황

본 방음벽은 동측 35m 미관도로의 차량 소음을 차단하기 위하여 아파트 단지 내 설치된 방음벽으로 현황은 다음과 같으나, 현재 매립되어 있는 기초, 오수관 등 현황 파악이 불가한 부분은 (주)ㅇㅇ건축사사무소에서 ㅇㅇㅇㅇ년 1월 작성한 '방음벽전개도' 및 ㅇㅇ건설(주) ㅇㅇ아파트 현장에서 ㅇㅇ시 ㅇㅇ구청에 ㅇㅇㅇㅇ년 ㅇㅇ월에 제출한 'ㅇㅇ아파트 동측 방음벽 이설공사 공사이행계획서' (이하 '공사이행계획서')를 참조하여 현황을 실측한 후 비교, 검토하였음.

1) 방음벽체 현황

① 총 방음벽 설치 길이 : 285m

② 도로경계선에서 2m 후퇴 부분 방음벽 길이 : 112.5m

③ 도로경계선에 면한 방음벽 길이 : 172.5m(ㅇㅇ구청 '위법건축물 시정지시' 참조)

④ 방음벽 높이 : 6m

⑤ 구조 : 용융아연도금 H 형강(150X200X6X9) 2m 간격으로 지지

⑥ 형태 : 목재(한면 사선형) 및 투명, 일부 반투명 방음벽(한면 사선형 목재 2m와 투명방음벽 4m로 통칭되는 방음벽임).

2) 방음벽 기초 및 기타 현황

① 방음벽 기초 및 옹벽

■ 기초판 : 폭 2,300mm~2,700mm, 두께 500mm 철근콘크리트

■ 옹벽 : 높이 790mm~3,050mm,두께 500mm 철근콘크리트

② 배관 현황

본 배관은 매립되어 있기에 현장 조사가 불가하여, '공사이행계획서' 를 참조해 보면 방음벽과 아파트 사이 일부구간에서 ϕ300mm, ϕ450mm 오수관과 도시가스 배관이 위치하나, 본 방음벽 이전과 관련된 매립 배관은 ϕ300mm 오수관으로 확정함.

③ 조경 현황

현재 본 방음벽 후면에 조경이 식재되어 있는 것은 확인되나, 조경부분은 철제 망형 담장이 설치되어 있어 통행이 불가하며, ○○○○년 사용검사 이후 조경의 관리가 이루어지지 않아 잡목 등으로 인하여 식재 조경의 정확한 파악은 불가한 상황임.

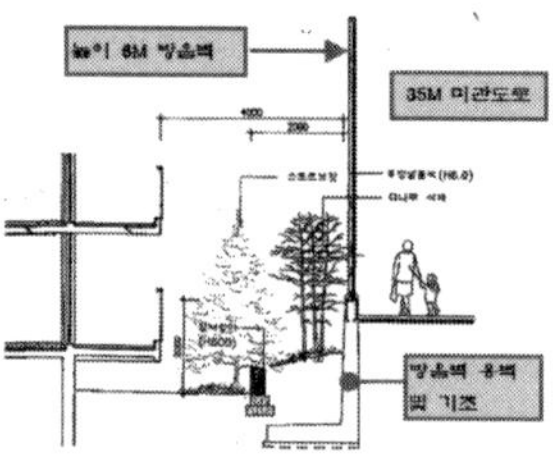

방음벽 설치 현황

3) 방음벽에 대한 법규 검토

본 방음벽은 ○○시 ○○구청 공문 '위법건축물 시정지시 통보서' 를 보면 다음과 같음.

- 시정 지시서 통보서 중략 -

상기의 일시를 보면, 본 아파트는 35m 도로변 건축선 후퇴 지정고시 이전 사업승인을 득하여, 35m 도로변 건축선 후퇴 지정고시를 반영하지 않고 공사 후 ○○○○년 ○○월 사용검사 시 본 방음벽의 위법 사실이 확인되어, ○○○○년 ○월 시정완료예정으로 '공사이행 계획서' 를 관할 관청에 제출하고 사용검사를 득하였으나, 이를 시정하지 않아 이에 대해 관할 관청에서 위법건축물 시정을 통보한 것으로 확인됨.

방음벽 이전 설치 계획

1. 방음벽 설치 계획

1) 기초 및 옹벽

현재 방음벽의 옹벽은 방음벽의 이동으로 아파트 측으로 2m 이동 설치하여야 하는데 이 경우 기 시공되어 있는 기초판을 활용하는 것이 현실적인 방안으로 보아 다음과 같이 옹벽을 일부 철거 및 신설함에 있어 매립되어 있는 기존 옹벽 철근 배근의 파악이 불가하여 '공사이행 계획서' 를 확인해 본 바, 명시된 철근 배근이 현 옹벽 및 기초 배근에 적합하다고 보아 이를 기준으로 함.

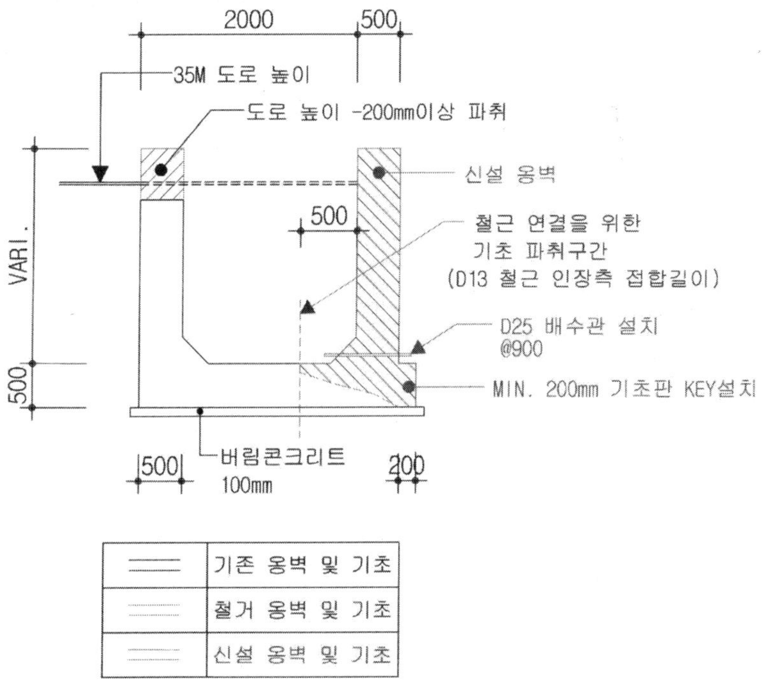

기초 및 옹벽 설치 방안

2) 방음벽

기 설치된 방음벽 및 H형강 지주를 철거한 후 신설 옹벽에 이전 설치함.

(2) 2m 후퇴 구간 마감 방안

본 구간에 대해 ○○시 관련법규를 보면 다음과 같음.

- 조례 중략 -

상기의 조례와 같이 건축선 후퇴부분에는 담장, 화단 등의 설치가 불가하므로 상기 기초 및 옹벽 설치 방안에서와 같이 기존 옹벽 상부를 35m 도로 높이에서 200mm 이상 파취하고, 성토 후 현재 보도와 같은 보도블럭을 설치하도록 함.

(3) 기타 사항

1) 조경

본 조경 수량의 정확한 파악이 불가하여 '공사이행계획서' 를 참조하여 현황과 비교 후 조경의 현황을 확정하였으며, '공사이행계획서' 에 명기된 식재(植樹) 중 교목류의 중대형 식재는 이전 식재하도록 하고, 관목류의 소형 식재는 이전 식재가 불가능하다고 보아 추가 식재하도록 함.

2) 오수배관 설치

일부구간에 설치된 ϕ300mm 오수관을 아파트 측에 신설하도록 함.

방음벽 이전 설치 안

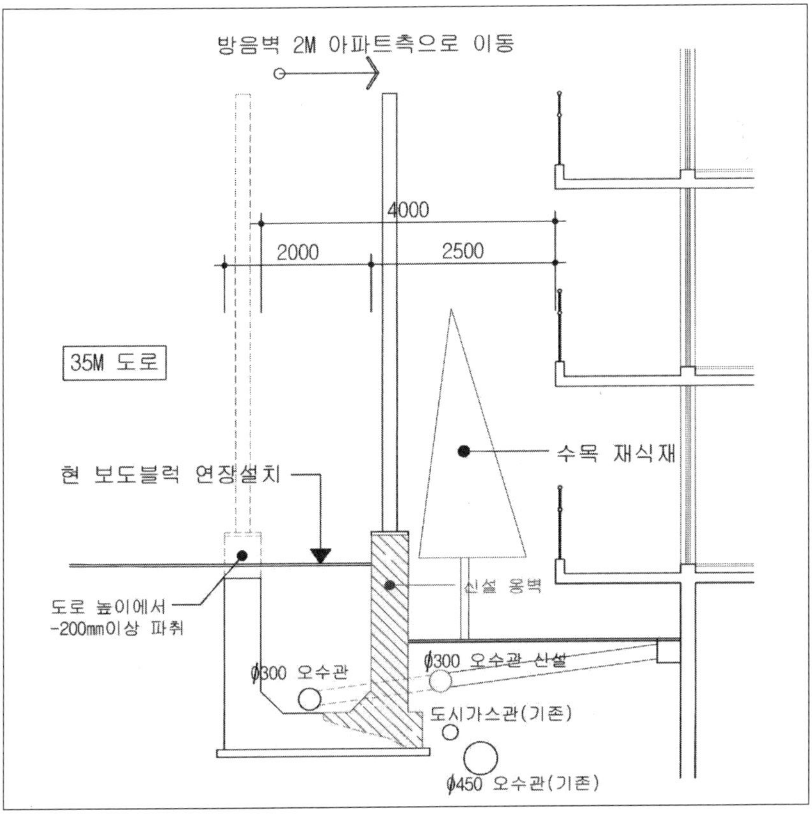
방음벽 2M 아파트측으로 이동
4000
2000
2500
35M 도로
수목 재식재
현 보도블럭 연장설치
신설 옹벽
도로 높이에서
-200mm이상 파취
ϕ300 오수관
ϕ300 오수관 신설
도시가스관(기존)
ϕ450 오수관(기존)

지은이 김성수
기　획 구광서 (K2S 미디어)

2012년 10월 10일 발행

발행인 김기현
발행처 시공문화사 *Spacetime*
등 록 1993년 3월 12일
주 소 서울시 서대문구 현저동 200 극동빌딩 5층
전 화 02) 3147-1212, 2323
전 송 02) 3147-2626
ISBN 978-89-5592-231-8
http://www.spacetime.co.kr
spacetime@korea.com

정가 30,000원